AF452646

L'INCUBATION

ARTIFICIELLE

ET

LA BASSE-COUR

PAR

VOITELLIER

Membre de l'Académie nationale agricole, manufacturière et commerciale
Membre de la Société d'acclimatation
Membre du Comice agricole de Seine-et-Oise
Et de plusieurs autres Sociétés.

DEUXIÈME ÉDITION

MANTES

LIBRAIRIE ET IMPRIMERIE TYPOGRAPHIQUE ET LITHOGRAPHIQUE

BEAUMONT FRÈRES

1880

PRÉFACE

DE LA PREMIÈRE ÉDITION

Beaucoup de livres ont été écrits sur les questions que nous nous proposons de traiter ; cependant, si quelques progrès ont été faits, beaucoup de lacunes restent à combler dans l'importante industrie de l'incubation et de l'élevage des oiseaux de basse-cour.

Le plus souvent les questions de cette nature ont été traitées par des amateurs à la plume facile, mais la théorie a dominé de beaucoup la pratique, tandis que les vrais praticiens, dont les conseils seraient d'or, n'ont pas su ou n'ont pas voulu formuler leurs pensées, et nous les avons vus disparaître sans laisser trace de leur expérience.

L'auteur de ce petit traité n'a pas la prétention de faire, sur cette question, une œuvre complète et littéraire ; il tient seulement à communiquer, le plus succinctement possible, les résultats de ses recherches sur la matière, et à contribuer, par des indications précises, à l'extension et à l'amélioration de l'industrie de la basse-cour, qui constitue en somme une des branches de la richesse nationale.

PRÉFACE

DE LA DEUXIÈME ÉDITION

La faveur avec laquelle le public a accueilli la première édition de notre ouvrage, nous a prouvé que nous avions choisi la bonne voie, en résumant d'une manière pratique et simple, la longue série de nos expériences, sans aller emprunter la plume de quelqu'écrivain renommé qui aurait pu, sous des formes brillantes, dénaturer notre pensée.

Tout en ayant appris beaucoup, nous sommes loin d'avoir la prétention de tout connaître, et chaque jour nous apprenons encore. C'est le résultat des études faites depuis la publication du livre, que nous ajoutons à notre seconde édition et nous serons suffisamment récompensés de nos efforts, si nous rencontrons dans le public, la même approbation que la première fois. Nous nous attacherons surtout à faire un ouvrage qui touche à toutes les questions de l'incubation et de la basse-cour, en laissant complètement en dehors notre personnalité

Tout en nous servant de nos appareils d'incubation

pour la démonstration des faits qui se rattachent à cette importante partie de l'ouvrage, nous éviterons tout ce qui peut ressembler à une réclame pour notre système. Nous voulons offrir au lecteur un livre qui puisse lui servir de guide, et non pas un catalogue agrémenté.

Notre première édition, si simple qu'elle fût, nous a valu l'approbation de spécialistes éminents, mais elle a été aussi assez vivement critiquée.

Nous avions osé ne pas partager, sur certains points, l'avis des maîtres; quelle hérésie!

Ne traite-t-on pas encore de fous dans quelques campagnes ceux qui parlent de faire éclore des œufs sans le secours des poules !

Il est des auteurs qui, s'étant trouvés seuls à traiter certaines matières, finissent, à force d'être indiscutés, par devenir indiscutables; les contredire c'est toucher à l'arche sainte ! Cependant, forts de notre expérience, nous continuerons à dire nettement notre façon de penser.

L'INCUBATION ARTIFICIELLE

ET

LA BASSE-COUR

***

DE L'INCUBATION

La connaissance des soins à donner pour l'incubation naturelle s'est perpétuée, dans les campagnes, par une tradition continue, comme la semence des grains et l'aménagement des terres, que tous les paysans connaissent, sans avoir jamais étudié dans aucun livre.

La civilisation augmentant, et les besoins venant de jour en jour plus nombreux, la production simple, basée sur ces anciens errements, est devenue insuffisante, et, de même qu'il a fallu substituer la charrue à la bêche et qu'il faut aujourd'hui remplacer la charrue par les machines à vapeur, de même il a fallu trouver des moyens d'augmenter le nombre des animaux, pour alimenter une population toujours croissante, et chaque jour plus exigeante dans ses goûts.

On a cherché d'abord à faire naître un plus grand nombre de volailles en développant le désir de l'incubation chez les poules, et en choisissant les races les plus couveuses. C'était le premier effort dans la voie du progrès ; c'était la bêche activant dans le sol la germination. Les besoins s'accrurent encore ; on dompta la nature de quelques oiseaux pour les forcer à couver contre leur gré ; les dindes furent contraintes à la maternité en toute saison.

Mais il fallait aller encore plus vite et plus vite encore. Le règne de la machine à vapeur était arrivé. L'idée vint de l'appliquer à l'incubation... et l'on fit des poulets à la vapeur ! *la couveuse arti-ficielle* était trouvée !

C'est dans la science pratique de l'incubation naturelle que les inventeurs de la couveuse ont puisé leurs premières leçons. Ce sont ces données primitives et fixes qui nous ont guidé dans nos premiers essais. Nous n'avons pas inventé, nous n'avons fait qu'imiter la nature en la copiant aussi fidèlement que possible, et pour rentrer dans le vif de notre sujet, nous pouvons dire qu'une femme qui sait *accouver* une poule, sait conduire une couveuse artificielle.

Les principes généraux restent les mêmes.

Il convient donc de débuter par l'étude des principaux soins à donner à la poule couveuse.

C'est une grave opération pour la fermière quand il s'agit d'accouver une poule. En effet l'issue de la couvée dépend des précautions prises **au** début.

Elle recherche l'endroit de la maison le plus calme et le plus isolé, loin du bruit des voitures, du mouvement incessant des écuries et de toute machine dont les trépidations pourraient se faire sentir : Une pièce faiblement éclairée, où l'air circule assez librement pour que l'atmosphère soit sain sans être froid, et où la température est peu variable, obtient toujours ses préférences. Trop de sécheresse nuirait à la couvée, comme aussi trop d'humidité.

La poule une fois installée, il reste **à** s'occuper du choix des œufs : c'est la question la plus importante. Les plus frais pondus sont les meilleurs; tous ceux dont la coquille n'est pas **bien** nette sont rejetés ; les œufs trop gros comme les trop petits, ceux dont la forme n'est pas régulière, les œufs à deux jaunes, les œufs reconnus pour provenir d'une poule souffrante, ou vieille ou trop grasse, sont également rebutés. La poule ne reçoit donc que des œufs ne laissant rien à désirer.

Matin et soir, à heure fixe, la poule est levée pour prendre ses repas, et ses œufs laissés à l'air libre; le repas terminé elle regagne son nid, et se met elle-même à retourner ses œufs avec son bec; ce n'est qu'après les avoir tous passés en revue qu'elle s'installe complètement et continue à leur transmettre une chaleur toujours régulière.

La poule qui *couve trop assidument* est réputée

mauvaise : elle reste aplatie sur ses œufs sans se permettre le moindre mouvement, à tel point que l'air ne peut plus pénétrer sous elle, et que l'ambryon meurt épuisé dans la coquille par cet excès de tendresse maternelle.

Les poules qui couvent ainsi se laisseraient mourir de faim sur leur nid, si l'on n'avait pas la précaution de les lever, à l'heure des repas.

Quand une couveuse est reconnue pour avoir ce défaut, elle peut rester levée plus longtemps que les autres, pour que les œufs aient amplement le temps de refroidir et d'absorber l'air.

Le moment de l'éclosion est celui qui demande les soins les plus délicats, surtout avec les couveuses trop assidues ; c'est une surveillance de tous les instants :

Il faut lever doucement la poule, au moins quatre ou cinq fois par jour, et vérifier les œufs *béchés*, pour placer toujours en dessus le côté percé où apparaît le bec du poussin ; faute de ce soin, il pourrait se trouver étouffé par le liquide qui s'échappe de l'œuf, et vient obstruer l'étroit orifice par lequel il commence à respirer.

Les fermières consciencieuses, enlèvent, un à un, de dessous la poule, les poulets dès qu'ils sont éclos, et les placent au chaud, dans un panier, sous un léger édredon de duvet. Ce n'est qu'une fois l'éclosion complètement terminée, qu'elles retirent la poule du nid où elle a couvé, et lui rendent ses poussins en l'installant dans l'endroit où elle doit les élever.

On est parvenu, dans quelques pays, à remplacer l'incubation naturelle des poules par l'incubation forcée des poules d'Inde ; mais ce mode d'élevage n'a pu se généraliser, parce qu'il ne donne, en somme, que de médiocres résultats.

Pour arriver à faire couver les poules d'Inde avant que la nature ne les y pousse, avant même qu'elles n'aient pondu (beaucoup de celles qui ont été soumises à ce régime pendant plusieurs années sont restées stériles), on emploie un moyen des plus simples.

Vers le 15 novembre, on prend une dinde, élevée jusque-là en liberté dans la basse-cour, sans aucune préparation préalable au rôle qu'on veut lui faire remplir.

On la place dans une caisse ou dans un panier muni d'un couvercle. Le nid de paille y est assez élevé pour que ce couvercle, une fois fermé sur son dos, l'empêche de se tenir debout. La fermeture est solidement fixée ou simplement chargée de grosses pierres.

Tous les matins, les dindes ont un quart d'heure de liberté pour manger, puis elles sont réintégrées dans leur étroite prison. Au bout de quelques jours, elles commencent à s'habituer à leur nouveau rôle, et plusieurs dindes, accouvées dans une même pièce, regagnent chacune leur nid sans se tromper, par la force de l'habitude.

On leur met alors, à titre d'essai, quelques vieux œufs remplis de plâtre ; elles prennent petit à petit des allures de couveuses, et finissent par se décider à couver sérieusement. Le couvercle de la caisse est alors supprimé ; elles reçoivent une vingtaine d'œufs et même plus, suivant leur grosseur ou leur aptitude à couver.

Tous ces préparatifs demandent de huit à quinze jours. Certaines bêtes cependant se refusent obstinément à la maternité forcée ; elles doivent être immédiatement mises à l'engrais, comme impropres à la reproduction.

Il est à remarquer que les produits d'une dinde bonne mère et bonne couveuse se ressentent toujours de son aptitude. Si dans certains pays, elles se refusent, comme on le prétend, à l'incubation forcée, c'est qu'elles n'ont pas été suffisamment choisies en vue du but où l'on veut les amener.

Plusieurs fermières sont d'avis que la mise en couvée soit conduite de manière à ce que l'éclosion ait lieu dans la dernière phase croissante de la lune.

Nos observations sur ce point, qu'elles s'appliquent à l'incubation naturelle ou artificielle, ne détruisent pas l'idée traditionnelle. Nous avouerons même, sans formuler toutefois rien d'absolument concluant, que la réussite a présenté dans ces conditions un certain avantage.

Les dindes qui ont fini par *se résoudre*, c'est le terme consacré, peuvent faire, sans interruption, quatre ou cinq couvées. On en a vu même aller jusqu'à huit.

A chaque éclosion, une seule mère conduit tous les poussins, et les autres continuent leur métier de machine à couver.

Malgré sa simplicité, ce système d'incubation hivernale présente bien des inconvénients, et fait redouter trop de mécomptes.

Les œufs sont cassés par une mère lourde et maladroite, qui écrase souvent ses petits pendant l'éclosion ; les nids sont salis, et, mal sans remède efficace, les couveuses se couvrent de mites qui les empoisonnent avec leurs poussins. Les personnes qui s'occupent de ce mode d'*accouvage* mettent en incubation à peu près quatre cents œufs pour obtenir un cent de poussins. En admettant que les œufs clairs puissent être retirés, ce qui est assez difficile (beaucoup de dindes salissant leurs œufs à tel point que le mirage devient impossible) et qu'il n'y ait pas d'œufs cassés, une dizaine de dindes au moins sont employées pour obtenir ce maigre résultat.

Que de soins réclament ces couveuses anormales, qu'il faut lever et nettoyer chaque matin ! quelle besogne répugnante pour la ménagère ! quelle dépense de nourriture pour ces affamées! Tout cela ne serait rien encore; mais survienne une épidémie, comme cela s'est vu trop souvent, cinquante ou cent couveuses succombent en quelques jours; c'est une véritable ruine pour la basse-cour ainsi éprouvée!

DE L'INCUBATION ARTIFICIELLE

L'incubation artificielle est venue remédier à la plupart de ces inconvénients. Il n'est pas une seule des objections faites à l'incubation naturelle qu'elle ne combatte avantageusement. La simplicité de l'appareil incubateur fait que les soins et la conduite peuvent en être confiés aux mains les moins habiles, aux intelligences les plus simples. Plus d'œufs cassés pendant la couvée, plus de poussins écrasés au moment de l'éclosion, ou empoisonnés par la mite et les émanations fétides du nid. Rien qui blesse la vue et l'odorat ; en un mot, réussite par tous les temps et en toute saison. Un peu d'eau à faire chauffer, matin et soir, retourner les œufs, voilà à quoi se bornent les soins à prendre. Au bout de trois semaines, on peut voir les poussins sortir seuls de leur coquille. La fermière peut désormais, sans répugnance, diriger elle-même son couvoir. La châtelaine peut aussi devenir fermière, même dans son intérieur. Pour l'une comme pour l'autre, les désagréments supprimés, il ne reste que des soins qui plaisent, intéressent et assurent un bon résultat.

Ce n'est pas seulement à la ferme que la couveuse artificielle peut rendre de grands services. Les chasseurs ont considéré son invention comme mettant fin à ces récriminations éternelles du propriétaire contre son garde-chasse, et que l'on peut dialoguer ainsi :

« Comment se fait-il qu'après tant de dépenses je ne trouve pas de faisans dans mes bois ? — Monsieur, cette année, les poules ont couvé trop tard et les œufs n'étaient plus bons. — Je n'ai pu me procurer de couveuses dans le village. — Les poules que j'ai eues étaient trop lourdes, et ont écrasé tous les faisandeaux pendant l'éclosion. — Les poules étaient mauvaises meneuses, » etc., etc. Et toujours, les maudites poules étaient cause du manque de gibier !

Le chasseur n'avait qu'à s'incliner devant ces raisons souvent trop justes.

Aujourd'hui, il lui suffit de mettre entre les mains de son garde-chasse une couveuse artificielle et de dire : « Je veux, cette année, mille ou quinze cents faisans. » Et, il peut être certain que ses ordres recevront leur exécution, sans qu'aucun accident vienne changer le cours de ses couvées. Ses bois seront garnis en temps utile.

L'avantage est encore plus grand pour les couvées de perdrix. Les faucheurs apportent presque toujours des œufs en cours d'incubation ; ils sont souvent prêts à éclore, et peuvent à peine supporter quelques heures de refroidissement. Alors le garde court dans toutes les fermes du voisinage chercher une couveuse, et le plus souvent, il rapporte... une grosse cochinchinoise, qui de ses lourdes pattes écrase la nichée.

La couveuse artificielle est toujours prête à recevoir

les œufs dès qu'ils arrivent de la plaine, et tous les petits naissent sans accident.

Après l'éclosion, la mère artificielle est là aussi qui prendra plus de soins de ses poussins que la meilleure des poules.

Bref, la couveuse est aujourd'hui un ustensile pratique que tout chasseur ou éleveur intelligent doit posséder.

Cette assertion est confirmée dans un rapport sur la couveuse Voitellier, présenté en août 1877, par M. Joubert, à l'Académie nationale agricole, manufacturière et commerciale, que nous reproduisons ci-après.

RAPPORT

Présenté en août 1877, par M. Joubert, à l'Académie nationale

agricole, manufacturière et commerciale.

« La couveuse de M. Voitellier est d'autant plus remarquable qu'elle diffère essentiellement de tout ce qui a été fait jusqu'à ce jour. Ce n'est plus le joujou que l'on connaît depuis si longtemps, ce n'est plus un instrument de laboratoire ; ce ne sont plus ces appareils compliqués qui exigent, pour être appliqués avec fruit, un apprentissage, des hommes exercés et spécialement initiés au mécanisme de la machine à faire fonctionner.

La couveuse Voitellier est tout autre chose : c'est un véritable instrument de ferme, aussi solide et aussi rustique qu'une charrue ou qu'une baratte beauceronne. Elle peut être mise entre les mains d'une paysanne, de la servante la plus brusque dans ses allures, sans crainte que l'instrument en souffre dans son fonctionnement. Ici il n'y a ni tiroirs à ouvrir doucement, à visiter avec précaution et à fermer de même. Il n'y a rien de fragile ; ni tube de verre indiquant extérieurement le niveau d'eau intérieur, ni dispositif pouvant être dérangé par le service quotidien de la couveuse. Tout se voit, tout se fait, pour ainsi dire, à ciel ouvert. Le seul apprentissage, c'est d'enseigner à la servante chargée de soigner les couveuses, la lecture des divisions du thermomètre.

« Voici en quoi consiste la couveuse Voitellier :

« Qu'on se figure une caisse en bois, plus ou moins grande, selon la quantité d'œufs que l'on veut faire couver ; caisse affectant généralement une forme cubique, dont les côtés sont assemblés au moyen de vis, et cela en vue de pouvoir procéder facilement au démontage, afin d'être constamment à même de surveiller, inspecter et réparer les dispositions intérieures.

« Une fois le fond et les quatre côtés assemblés, on introduit dans la caisse le réservoir à eau chaude. Ce réservoir est simplement un manchon cylindrique à double paroi, destiné à contenir, entre sa double cloison, l'eau chaude qui doit entretenir la chaleur nécessaire à l'éclosion des œufs.

« Ce manchon est en zinc ; et n'a, comme du reste son nom l'indique, ni dessus ni fond. Une fois en place dans sa boîte, l'espace libre, entre les parois extérieures et les surfaces intérieures de la boîte, est rempli avec de la sciure de bois, exactement pilée. Cette sciure a pour objet, d'abord et surtout, de servir d'isoloir, et par suite de s'opposer à la déperdition de la chaleur de l'eau, puis ensuite de donner de la stabilité.

« Le manchon communique à l'extérieur : 1º par un tube qui débouche à la partie supérieure de la face de la boîte ; c'est par ce tube qu'on introduit l'eau chaude ; 2° par un robinet placé à la partie inférieure de la boîte ; c'est par ce robinet qu'on retire, matin et soir, l'eau qui a perdu son calorique.

« Au-dessous du robinet d'emplissage se trouve une petite ouverture destinée : 1° à l'entrée ou à la sortie de l'air pendant l'emplissage ou le désemplissage du réservoir ; 2° à servir de trop-plein, c'est-à-dire à indiquer quand il est rempli d'une suffisante quantité d'eau.

« Au milieu de la face antérieure de la boîte s'aperçoit une ouverture ; c'est l'orifice d'un tuyau en plomb traversant la paroi extérieure du manchon, pénétrant du haut en bas dans la colonne d'eau chaude qu'il contient, ressortant à la base intérieure en se dirigeant au centre de la couveuse, où il se relève alors jusqu'à la hauteur de 10, 15 ou 20 centimètres selon la grandeur de l'appareil. Par ce tuyau l'air extérieur s'introduit continuellement dans la couveuse, en change progressivement l'atmosphère, et cet air dans son parcours, traversant la masse d'eau chaude, a le temps de s'échauffer, et d'arriver à destination sans occasionner de brusques transitions.

« A la partie supérieure de la paroi interne se trouve disposé un petit tube dont la soudure est au-dessus du niveau de l'eau chaude ; c'est par ce tube que les vapeurs d'eau chaude s'introduisent

Modèle d'une Couveuse de cent œufs.

dans la couveuse, et humidifient convenablement son atmosphère.

« Circulairement, à la base du manchon, reposant sur le fond de la boîte, se trouve un cercle en bois de 5 à 6 centimètres de hauteur ; cette disposition a pour but d'empêcher le contact immédiat des œufs contre le zinc.

« Enfin, le dessus de la boîte est fermé par un plancher, également assemblé aux côtés avec des vis, dans le centre duquel se trouve un châssis vitré. C'est par ce vitrage qu'on surveille les éclosions, qu'on consulte les thermomètres indiquant la chaleur intérieure, qu'on retire les poussins qui ont brisé leur coquille, et que se fait enfin le service.

« Comme on le voit, les différents organes de l'appareil Voitellier sont parfaitement combinés et agencés ; mais ce qui constitue surtout une véritable innovation, c'est la vaste atmosphère de cette nouvelle couveuse, et son humidification, qui se règle à volonté, en raison de la saison et des exigences.

« A propos de l'état hygrométrique de l'atmosphère des couveuses en général, M. Voitellier fait depuis quelque temps des expériences d'un haut intérêt scientifique. Il cherche, et la question est sur le point d'être pratiquement résolue, le degré hygrométrique exact, pour avoir définitivement une atmosphère dans de bonnes conditions d'éclosion.

« De ce qui précède, on peut déjà déduire les trois solutions suivantes :

« Atmosphère relativement énorme, régulièrement échauffée et mathématiquement humidifiée ;

« Inspection continuelle, facile et instantanée des œufs en incubation ;

« Simplicité de l'appareil, qui en fait un véritable instrument d'économie rurale.

« *La Sécheuse* est d'une simplicité primitive. C'est une boîte également chauffée à l'eau chaude, et recouverte d'un léger édredon. Aussitôt que les poussins commencent à manger, on les transporte sous la *mère* ou *éleveuse*.

« La *Mère* est un appareil dont toutes les parties sont mobiles : la partie inférieure est un plateau sur lequel repose un encadrement dans lequel vient s'introduire une boîte renfermant un récipient contenant de l'eau chaude, qu'on renouvelle selon les besoins ; la partie inférieure de cette boîte, qui forme plafond, a son encadrement garni d'une étoffe, afin que les poussins logés dans l'espace vide ménagé entre le plateau inférieur et le récipient à eau chaude, puissent frotter leurs plumes contre l'étoffe et se débarrasser de leur duvet natif.

« Une porte est ménagée sur un des côtés du logement des poussins ; ceux-ci peuvent sortir pour aller manger et boire ; un grillage articulé, comme un véritable garde-feu, entoure la mère artificielle et retient les poussins dans un espace limité.

« Si l'on conserve au-delà de quelques jours les
jeunes élèves, ils grandissent, et l'espace ménagé
entre le plateau inférieur et le récipient à eau
chaude n'est plus assez spacieux. On remédie à
cet inconvénient en soulevant le récipient à eau
chaude de son encadrement, au moyen de calles,
et, par suite, l'espace étant agrandi, les poussins
sont plus à l'aise.

« La couveuse Voitellier est depuis longtemps
appliquée : quatorze appareils fonctionnent continuellement à Mantes ; ils donnent d'excellents résultats.
Pour nous, c'est réellement la vraie couveuse agricole,
en ce sens qu'il n'est pas plus difficile de la mettre
en œuvre qu'un hache-paille ou un coupe-racines.
Elle a, du reste, été l'objet de récompenses justement méritées dans un grand nombre de concours
agricoles : Lyon, Nancy, Compiègne, etc., etc. (1), et
aurait dû primer tous les appareils du même genre,
si les jurys étaient définitivement pénétrés qu'une
couveuse artificielle peut très avantageusement, très
lucrativement surtout, remplacer la poule, peut
devenir enfin un véritable ustensile d'économie rurale, et n'être plus un appareil de laboratoire ou
un appareil industriel, exigeant, pour fonctionner

---

(1) Depuis la publication de ce rapport l'industrie a pris une extension
considérable. Vingt-deux machines de grande dimension sont installées dans le
couvoir et l'etablissement a ete honore de 112 médailles d'or, d'argent et de
bronze, dans les différents concours de France et de l'étranger.

dans de bonnes conditions, des hommes ayant fait un apprentissage spécial.

« Ceci pouvait être vrai avec les anciens systèmes de couveuses, mais ne saurait être appliqué à la couveuse Vitellier, qui nous parait mériter à plus d'un titre les encouragements de l'Académie nationale. »

DES PRINCIPAUX SOINS A DONNER A LA COUVÉE

Nous pourrions, comme instructions pour la conduite de la couveuse, renvoyer au chapitre Incubation naturelle. Les soins généraux sont les mêmes.

Comme premier point, il est essentiel de veiller à la bonne installation du nid. Le fond de la couveuse sera garni d'un lit de sable d'environ trois centimètres d'épaisseur ayant pour effet d'entretenir une humidité constante ; puis on disposera une légère couche de paille sur laquelle reposent les œufs.

Par suite de la forme circulaire du réservoir à eau chaude, tous les œufs sont soumis à une température égale, et il est inutile de les changer de place pendant tout le cours de la couvée, il suffit seulement de les retourner matin et soir, comme le fait une poule chaque fois qu'elle rentre à son nid après avoir mangé.

Pour que les indications du thermomètre soient précises, on devra prendre soin de placer la boule de mercure au milieu des œufs, et non pas au-dessus.

La chaleur tendant toujours à monter, la température est plus élevée dans le haut de la couveuse, et il importe que le thermomètre soit influencé par la couche de chaleur où sont placés les œufs.

Ces dispositions générales observées, il ne reste qu'à entretenir pendant vingt et un jours la température la plus régulière possible à 40°.

Au premier abord, cette régularité paraît difficile à obtenir. Rien n'est plus simple. Il suffit de tirer quelques litres d'eau et de les remplacer par une égale quantité d'eau bouillante.

Le thermomètre, suivant qu'il est plus ou moins élevé, indique avec certitude la proportion d'eau à changer.

La construction spéciale de la couveuse permet à l'eau chaude de maintenir pendant douze heures sa même température, sans qu'il soit possible de constater au thermomètre plus 1° 5/10 de déperdition ; encore cette légère différence ne se fait-elle sentir que vers la dixième ou onzième heure.

Tout le monde peut, après trois jours d'expérience, arriver à donner à la couveuse une régularité parfaite.

DE L'ÉCLOSION

Le moment est venu où la couveuse artificielle cesse d'être une machine ; elle s'anime pour ainsi dire en donnant la vie. A vingt jours de calme et de silence vont succéder le bruit et le mouvement.

C'est du vingt au vingt-et-unième jour que doit commencer l'éclosion si la couvée a été bien dirigée. L'intérêt porté à la couveuse depuis le début, provoque toujours un certain sentiment d'impatience ; ces vingt jours d'attente ont semblé bien longs, et ce n'est pas sans anxiété qu'on se penche sur la couveuse pour voir à travers les chassis vitrés qui la recouvrent s'il ne se produit pas quelque changement.

Aussi le premier cri des petits poulets renfermés encore dans les œufs, cause-t-il une vive sensation ; on les entend avant de les voir et cet indice d'existence suffit pour faire attendre avec plus de confiance le résultat tant désiré.

Bientôt le petit cri émis de l'intérieur de la coquille devient plus perceptible ; on aperçoit un œuf *béché ;* puis deux, puis trois. On peut dès lors suivre sans interruption toutes les phases de l'éclosion.

Au milieu de l'œuf, la coquille gonflée se soulève et forme de petits éclats ; peu à peu l'ouverture grandit et le bec du poussin apparaît ; sous ses secousses réitérées la coquille finit par céder et se fendre tout

autour; le cou, la patte se dégagent; encore un dernier
effort et le poussin est délivré de son enveloppe, il est
libre! Mais il est épuisé; il s'affaisse exténué et s'endort.
En le voyant ainsi aplati, sans mouvement, on le
croirait mort; il n'en est rien, le moindre bruit
l'éveille.

Gardez-vous bien, par trop d'impatience, d'ouvrir à
chaque instant les chassis, de tourner les œufs en
tout sens ou de chercher à hâter la délivrance du
nouveau-né. Ce mouvement bien naturel aux novices
pourrait compromettre le succès de la couvée.

Tant que la température reste bien à 40 degrés il
ne faut pas se préoccuper du désordre apparent de la
couveuse, causé par les poussins éclos ou en train
d'éclore, les coquilles brisées éparses, quelquefois
même le thermomètre bousculé par cette fourmillière
qui s'agite en tous sens. Fiez-vous à la nature : elle
sortira victorieuse de tous ces embarras, et n'aidez
les poussins, dont le travail vous semble long, qu'à la
dernière extrémité.

Ce n'est qu'à l'heure habituelle choisie pour le soin
de la machine qu'il convient de retirer les nouveaux
nés et de réparer le désordre du nid. L'éclosion
durant généralement deux jours, les œufs non béchés
seront retournés comme d'habitude et l'incubation
continue régulièrement jusqu'à la fin.

En ôtant les premiers poussins éclos il est bon de
tenir compte, pour le changement d'eau de chaque
jour, de l'abaissement de température qui pourra se

produire et d'augmenter un peu la quantité d'eau chaude.

Les poussins dont l'éclosion vient seulement de se terminer peu de temps avant l'ouverture de la couveuse, resteront avec les œufs jusqu'au lendemain ; ceux-là seuls qui semblent remis de leur abattement doivent être transportés dans la *sécheuse*.

LA SÉCHEUSE

La *Sécheuse* est une boîte de forme rectangulaire munie d'un réservoir d'eau chaude qui donne aux poussins une chaleur douce, mais moins élevée que dans la couveuse. Des bouches placées sur le devant amènent directement l'air extérieur, auquel ils devront s'habituer.

La sécheuse est couverte d'un léger édredon ; le poussin y repose aussi mollement que sous la poule.

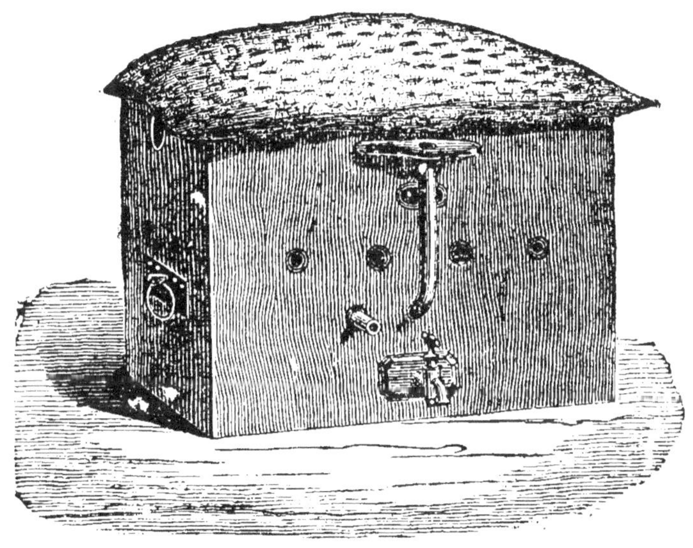

Dans ce berceau des premiers jours, il se transforme

en peu d'instants : au lieu d'un petit être chétif, ébouriffé, au plumage visqueux et d'un aspect peu attrayant, regardez sous l'édredon ce charmant petit oiseau, à l'air éveillé ; ses jolies formes, ses plumes soyeuses et moussues. ses brillantes couleurs, tout attire le regard ; on reconnait déjà la finesse et la qualité de la race à laquelle il appartient.

La sécheuse est un asile de courte durée, surtout en été. Le séjour en hiver s'y prolonge un peu plus, mais aussitôt que les poussins sont assez forts pour courir seuls et pour manger, il faut les mettre en liberté sous la *Mère*.

Pour les perdreaux et les faisans, ou les poulets de race délicate, nous avons adopté la *Sécheuse-Mère ;* c'est une sécheuse dont l'édredon, maintenu par un cadre en bois, ne peut se soulever sous l'effort des poussins, et munie sur le devant d'un petit promenoir recouvert d'un grillage.

Les poussins viennent manger et prendre leurs ébats dans ce promenoir et rentrent d'eux-mêmes sous l'édredon. Les oiseaux délicats peuvent rester facilement quinze jours dans la *Sécheuse-Mère*.

Dans notre établissement de Mantes, où nous ne pouvons pas élever la centième partie des poulets que nous faisons éclore, les nouveaux-nés ne jouissent pas longtemps du bien-être de la sécheuse. Une partie des poussins est enlevée, le lendemain de l'éclosion, par les fermiers des environs ; les autres, et principalement les produits de race pure, sont placés dans

des boîtes d'expédition, et confiés au chemin de fer,
pour être transportés sur tous les points de la France
et même de l'Etranger,

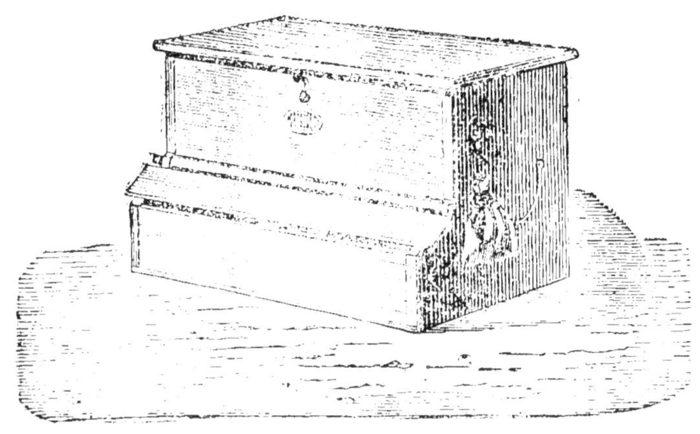

Cette boîte renferme, dans le haut, un léger édredon
soutenu au-dessus des poussins par une étoffe très
douce. Sur le devant est placée une petite augette
recouverte d'une planchette mobile qu'il est facile de
lever pour donner du grain ou de la pâtée. Une fois
les poussins installés dans la boîte, sur un lit de petit
foin bien sec, on emplit l'augette de pâtée de farine
d'orge. Cette nourriture suffira au repas de la première
journée de voyage. Puis on accroche au côté de la
boîte un petit sac de millet avec cette étiquette :
« *Prière de donner à manger aux petits poulets.* » Si
le voyage doit durer deux ou trois jours, on ajoute un
second sac de pain trempé pour désaltérer les poussins.

Les employés de chemin de fer se font un plaisir de satisfaire à la requête inscrite sur l'adresse, et distribuent, à chaque arrêt principal, le contenu des petits sacs.

Nous avons ainsi expédié plusieurs boîtes de poussins, de Mantes jusqu'à Munich ! Elles sont toujours arrivées en parfait état.

DE LA MÈRE ARTIFICIELLE

ET DE L'ÉLEVAGE DES JEUNES POUSSINS

Après avoir lu les chapitres précédents, beaucoup de personnes ne manqueront pas de répéter cette objection que nous avons entendue bien souvent : « Nous ne doutons pas du succès de la couveuse ; il est consacré par l'expérience ; faire éclore n'est plus une difficulté, l'élevage seul est l'écueil ». Ceci pouvait être juste autrefois, mais aujourd'hui, l'objection est sans valeur, par suite des simplifications apportées à la mère artificielle. Ce n'est plus un appareil, c'est une véritable poule, poule inanimée et sans voix, mais à l'aile chaude et caressante, et aussi vigilante pour le poussin, que la mère naturelle. Non-seulement nous trouvons qu'elle peut remplacer la poule avec avantage, mais nous lui donnons souvent la préférence.

Pour établir la comparaison d'une manière précise, commençons par examiner les qualités et les défauts de la mère naturelle. Constatons d'abord que les bonnes *meneuses* font exception dans la basse-cour, car on voit souvent d'excellentes couveuses qui n'ont aucune aptitude pour la conduite des poussins. Quand une ménagère possède quatre ou cinq bonnes mères, c'est pour elle un trésor ; elle s'attache à les conserver le plus longtemps possible, et les entoure de soins particuliers. Mais combien peu de poules sont à la fois assidues à réchauffer leurs petits, peu coureuses et peu gourmandes. Le plus souvent leur excès de tendresse maternelle les affole à la moindre crainte, et, elles piétinent et bousculent leurs poussins pour les défendre contre la main qui venait leur apporter la nourriture. Dans leur empressement à chercher quelques menues graines, elles grattent avec une ardeur fébrile, et les pauvres petits qui s'empressaien. à leur appel vont rouler tout meurtris par un violent coup de patte. Sans s'occuper si toute la nichée est également robuste et bien portante la poule, dès qu'elle est libre, va toujours en avant, comme à la découverte de quelque chose de meilleur ; elle laisse mourir en route, malgré ses cris désespérés, celui des poussins qui, saisi par le froid, n'a pas eu la force de la suivre ; quand quelques minutes de chaleur auraient suffi pour le sauver ! Que de fois n'avons-nous pas vu une poule quittant son abri dès la pointe du jour, pour entraîner ses poulets dans la prairie couverte de rosée ; ils reviennent traînant les ailes et piaulant, et meurent en peu de jours des suites de ces excursions trop matinales.

On peut il est vrai éviter ces accidents avec quelques précautions, mais comment parer à ces excès de jalousies qui s'emparent de deux couveuses quand par hasard elles se rencontrent. Croyant défendre leur nichée, elles se précipitent l'une contre l'autre avec fureur, en poussant des cris de détresse. Les petits éperdus se mêlent les uns aux autres, et chaque assaut coûte la vie à tous ceux qui confiant dans la protection maternelle, n'ont pas su éviter les chocs des combattantes.

Faut-il encore énumérer tous les moyens inventés pour empêcher la poule de vagabonder avec ses poussins, les boîtes d'élevage, les mues de toutes espèces nécessitées par des instincts trop sauvages. Bien peu de poules se contentent de manger du grain pour réserver à leurs petits la pâtée d'œufs et de mie de pain qui leur est préparée avec tant de soins. Enfin ne voyons-nous pas souvent des mères, au caractère volage, quitter avant le temps leurs poulets à peine encore couverts de plumes, pour aller, sous le prétexte de remplir des devoirs d'épouse, folâtrer auprès du coq élégant qui règne dans la basse-cour.

Avec la mère artificielle, tous ces défauts, tous ces désagréments, sont supprimés à la fois, et nous retrouvons amplement la même somme de qualités. Pour bien se rendre compte des avantages qu'elle peut présenter, il est bon de commencer par en donner la description bien exacte. La figure ci-contre représente une mère avec son entourage de panneaux de grillage mobiles.

La mère ou éleveuse est composée de trois parties : La première est un plancher mobile sur lequel reposent les poussins ; étant recouvert d'une légère couche de menue paille ou de sable fin il est facile

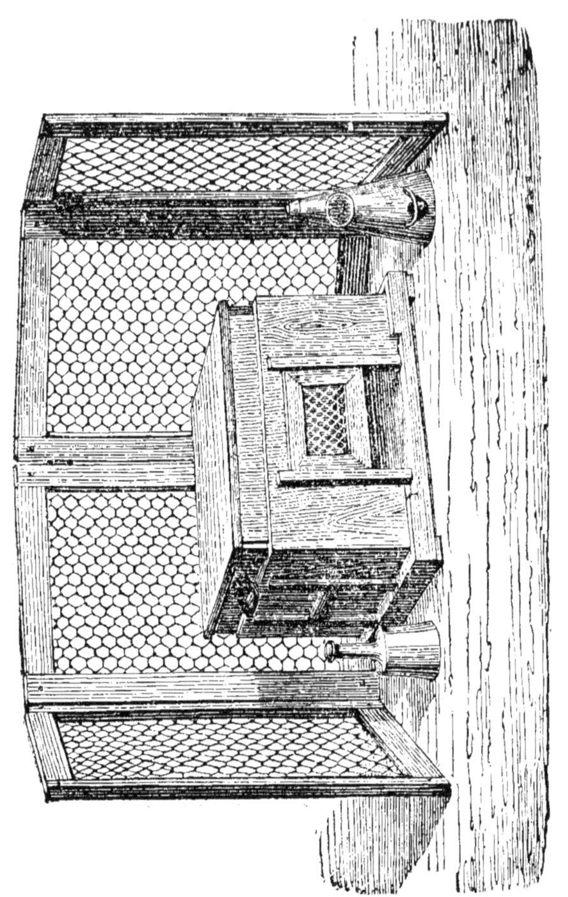

Mère artificielle entourée de panneaux mobiles.

à nettoyer. La deuxième partie est l'entourage en bois qui retient les poulets sur le plancher. Cet entourage est muni de trois portes dont une grillée pour laisser pénétrer l'air. La troisième est la partie principale. C'est un réservoir en zinc encadré dans une boite en bois. Le dessus et les cotés sont garnis d'une épaisse couche de sciure de bois, pour empêcher la déperdition de la chaleur, et le dessous est recouvert d'un velours doux et soyeux. Les poulets, en passant par les petites portes, viennent se réfugier sous ce velours qui touchant aux parois de la chaudière remplie d'eau bouillante, est constamment chaud, et leur transmet une douce chaleur, tout en lissant leur duvet aussi bien que l'aile maternelle.

Aussi comme ils aiment leur mère ! Essayez seulement de vider le réservoir à eau chaude et de ne pas le remplir. Ils vous assourdissent de leurs cris jusqu'à ce que vous ayez rendu la vie à celle qui les protège. Et puis celle-là n'est pas gourmande ; jamais elle ne touche à la pâtée déposée sur les petites augettes. Elle ne s'effraye pas à votre approche, elle ne bouscule pas ses poussins dans ses mouvements d'impatience ou de colère. Un petit est-il plus faible ou fatigué, il reste tranquillement au chaud pendant que ses camarades prennent leurs ébats.

Les poulets dira-t-on ont besoin d'une poule qui les appelle, les entraîne aux champs et les aide à chercher ces mille petits rien nécessaires à leur développement. — **Erreur** : placez la mère artificielle au milieu d'une prairie, et vous verrez les poussins partant gaiement en petite troupe, et s'éloignant sans souci, à mesure qu'un nouvel insecte les attire. A la moindre alerte, au moindre coup de vent, ils accourent à leur refuge. Point n'est besoin du gloussement de la poule pour les rappeler. L'instinct seul les guide pour les ramener vers l'endroit où ils savent qu'ils auront chaud et qu'ils seront en sûreté.

N'est-ce pas aussi un grand avantage de pouvoir soigner à la fois une centaine de poulets, sans se préoccuper d'une dixaine de poules ayant chacune son caractère et ses défauts particuliers, de pouvoir distribuer indistinctement la même nourriture sans prendre garde à telle ou telle couvée dont les besoins diffèrent avec l'âge. Pour produire seulement 300 poulets, une fermière est esclave de ses couveuses d'un bout à l'autre de l'année ; avec l'élevage artificiel, il lui suffit de trois couvées et de consacrer trois semaines de soins à chaque bande de poussins après l'éclosion.

Il est difficile de tracer un guide précis des soins à donner aux poulets pendant le premier âge. Dans chaque pays les éleveurs ont adopté des modes différents suivant les ressources de la contrée, et partout les résultats sont bons. La meilleure recette est l'expérience. Il est cependant une qualité indispensable pour passer maître dans l'art d'élever les volailles, comme tous les animaux : c'est d'avoir l'esprit de suite, de régularité et d'observation. A deux jours, un poulet a des habitudes ; il faut savoir les ménager ; savoir pressentir ce qui lui manque, ne pas attendre qu'il soit malade pour le soigner. Tout cela s'apprend par la pratique.

Ce sont les soins des quatre premiers jours qui demandent le plus d'attention. Un poulet ne doit manger que 24 ou 35 heures après son éclosion. Il faut lui laisser le temps de digérer le jaune de l'œuf qu'il renferme encore presque entièrement dans l'abdomen. S'il mange avant que cette opération soit terminée, la nourriture séjourne dans ses organes encore mal affermis, et lui cause une inflammation presque toujours mortelle. Souvent même un poulet meurt au bout de huit ou quinze jours des suites de cette première indigestion.

Le premier repas consistera en quelques miettes de pain sec, puis un œuf dur haché sera mêlé au pain. Le lendemain les poussins peuvent déjà manger du lait cuit, ou du riz et de la farine d'orge délayée avec du lait. Un peu de millet parsemé dans le sable les engage à gratter et les occupe à chercher.

Il est essentiel, pour le début, de ne donner à manger que très peu à la fois, surtout des aliments dont les jeunes élèves se montrent friands. La farine d'orge ou mieux encore notre *nourriture spéciale* peuvent, sans inconvénient, rester en permanence sur le billot ou sur l'augette à pâtée, elle remplace le pain du repas, et doit toujours servir de base à l'alimentation.

Pour les huit premiers jours, nous donnons deux

fois par jour du lait cuit et une fois du riz. Le petit godet à boire sera toujours plein d'eau très propre.

Dès le deuxième jour les poussins devront prendre l'air, ne fût-ce qu'un quart d'heure, et sortir un peu plus de jour en jour. Même par le plus mauvais temps, il serait dangereux de les laisser renfermés deux jours de suite. A mesure qu'ils grandissent et qu'ils prennent plus de liberté, ils trouvent eux-mêmes insectes et verdure, et l'on peut supprimer les petites douceurs. La farine d'orge ou notre nourriture spéciale délayée avec du lait suffisent. Avec ce régime, un poulet élevé en bonne saison peut être soumis à l'engraissement dès l'âge de 3 mois ou 3 mois 1/2 au plus. Il engraissera plus vite, sa chaire sera plus blanche et plus délicate, il prendra aussi plus de développement que s'il avait été nourri au grain. Il faut cependant donner un peu de grain aux sujets destinés à la reproduction, que l'excès de pâtée pourrait rendre lymphatiques.

DE L'INCUBATION ARTIFICIELLE
EXPLOITÉE INDUSTRIELLEMENT

Le problème de l'incubation artificielle est résolu aujourd'hui d'une manière si complète. Les résultats obtenus sont tellement positifs et précis qu'on a pu, sans appréhension, appliquer les données nouvelles à l'industrie.

La couveuse artificielle, employée à la ferme pour accroître et hâter la production de la volaille, n'est plus à présent que la forme primitive et consacrée de l'invention.

Des capitalistes peuvent monter une entreprise pour la production artificielle des poulets, tout aussi bien qu'une usine métallurgique, et assurer aux actionnaires des bénéfices prévus avec certitude, sans le moindre aléa.

Plusieurs établissements de ce genre fonctionnent déjà en France, et beaucoup sont en voie de formation.

L'industrie se divise en deux branches bien distinctes.

La première consiste dans la simple exploitation de la couveuse ; de là le nom d'*accouveurs* donné à ceux qui l'exercent. Les accouveurs n'ont d'autre but que de faire éclore les œufs, et de livrer en quantité les poussins, aussitôt leur naissance, aux fermiers de toute une région ; qui se chargent du soin de l'élevage et de l'engraissement. Cette première branche est considérée, vu le peu de capitaux que nécessite son exploitation, comme la plus lucrative relativement.

La deuxième, beaucoup plus importante, utilise la série complète des appareils appliqués à la basse-cour. La couveuse pour l'éclosion, l'ovoscope pour le mirage des œufs, la sécheuse pour les soins des premiers jours, la mère artificielle pour l'élevage, et enfin la gaveuse mécanique pour l'engraissement. Tout cela constitue une grande entreprise, nécessite de larges bâtiments et de vastes terrains, mais assure aussi des bénéfices en proportion avec les capitaux employés.

C'est la première de ces deux branches d'industrie, la considérant comme le complément indispensable de la fabrication en grand des appareils d'incubation, que nous avons choisie.

Depuis nos débuts, tous les fermiers des environs ont peu à peu renoncé à l'embarras des couvées, et viennent acheter par centaines des poussins nouvellement éclos qu'ils élèvent avec des dindes ou des mères artificielles. Ils fournissent ainsi une plus grande quantité de volailles qu'autrefois et trouvent plus de profits avec moins de peine.

L'installation d'un couvoir industriel est peu coûteuse. Nous avons utilisé un grand bâtiment, sain, facile à aérer et à garantir contre les variations violentes de température. Vingt-deux couveuses, placées deux par deux à la suite les unes des autres, composent le matériel. La quantité d'incubateurs importe peu. Il serait tout aussi facile d'en placer quarante, suivant l'étendue du bâtiment. Nos vingt-deux machines contiennent ensemble plus de trois mille œufs, ce qui représente une moyenne déjà suffisante.

Par suite des dispositions que nous avons adoptées, un homme seul suffit à tout le soin du couvoir, avec deux heures de travail matin et soir.

Un fourneau en briques, renfermant une chaudière d'une contenance d'environ 150 litres, est placé à l'extrémité du couvoir et séparé des machines par une légère cloison. Une étroite ouverture est ménagée dans la cloison pour livrer passage à un tuyau de cuivre prenant naissance au fond de la chaudière et se prolongeant, avec une pente très douce, jusqu'à l'extrémité opposée du couvoir, en passant au-dessus des couveuses et au milieu des deux rangées qu'elles forment d'un bout à l'autre de la pièce. Ce tuyau supporte, dans sa longueur, six robinets, munis chacun d'un petit conduit en caoutchouc au moyen duquel on peut alimenter quatre couveuses. Une fois l'eau de la chaudière principale en ébullition, toutes les couveuses desservies par le collecteur sont alimentées en quelques minutes. Les soins du couvoir peuvent donc se résumer ainsi :

Inspection des thermomètres de chaque machine pour noter la quantité d'eau à renouveler. Vidange de l'eau refroidie fixée par la constatation du thermomètre. Cette opération se fait encore sans la moindre peine ; un flotteur, placé dans chaque réservoir, établit constamment, par une échelle graduée, le niveau de l'eau. En ouvrant le robinet inférieur de la couveuse, l'eau coule dans un conduit dont la pente l'amène jusqu'à un réservoir placé à côté du fourneau. Une pompe aspirante et foulante déverse cette eau, encore tiéde, dans la chaudière, où elle entre en ébulition en quelques instants.

Les couveuses sont donc aussi promptement et aussi facilement vidées qu'elles sont remplies. L'opération la plus délicate consiste dans le soin de retourner les œufs, matin et soir. En somme, l'entretien d'un couvoir de 3,000 œufs est plus simple que celui de douze poules couveuses.

Depuis que notre établissement fonctionne nous n'avons jamais constaté une couvée manquée entièrement, et nous avons vu souvent des éclosions représentant 90 0/0. La moyenne des résultats obtenus pendant toute une année dépasse 75 0/0 des œufs soumis à l'incubation. Le lecteur pourra, d'après ces données générales, apprécier le parti qu'il est possible de tirer de l'incubation artificielle et de son exploitation au point de vue industriel.

DES ŒUFS

La matière première sur laquelle on opère, constitue en toutes choses, l'élément essentiel : en incubation l'œuf est la matière première, et, qu'il s'agisse de moyens naturels ou artificiels, le succès d'une couvée dépend toujours du choix et de la connaissance des œufs.

Dans cette conviction, nous avons cherché à grouper, sous les yeux du lecteur, le plus grand nombre de renseignements qui soient de nature à élucider la question.

Ici comme toujours la nature sera le meilleur livre à consulter. A l'état libre la poule termine sa ponte en 20 ou 30 jours tout au plus, et commence de suite à couver. La majeure partie de ses œufs sont donc frais et les premiers pondus, garantis avec soin dans un nid bien abrité, n'ayant subi ni secousses, ni contact avec le grand air, ne sont nullement altérés.

D'après ce principe on devra choisir pour soumettre à l'incubation les œufs les plus frais pondus. En thèse générale il faut rejeter ceux qui auront plus de trois semaines en hiver, et plus de quinze jours en été ; ce délai devra être réduit à huit jours par les grandes chaleurs. Des œufs pondus depuis plus de temps, peuvent certainement venir à éclosion, mais le poulet naît souvent en retard et chétif.

Pour maintenir les œufs à l'état frais, et conserver plus longtemps leur principe germinatif, on a tenté de les enduire de corps gras que l'on essuyait au moment de la mise en couvée. Ces essais, loin de réussir, ont eu des résultats négatifs ; pas un œuf ainsi traité n'est arrivé à l'éclosion.

Dans cet ordre d'idées, il conviendra également de ne pas déposer les œufs à couver dans des couches de son, de sciure et de cendre, de peur d'obstruer les pores de la coquille.

La transpiration normale en effet est nécessaire à la vie embryonnaire, elle nuit seulement par son excès.

La sciure et la cendre, corps essentiellement secs, recherchent l'humidité, et excitent à l'évaporation des matières aqueuses à travers la coquille. La sciure est cependant adoptée généralement pour l'emballage des œufs expédiés par chemins de fer ; dans ce cas on devra employer la sciure légèrement humide :

Les œufs destinés à l'incubation seront conservés dans de bonnes conditions, s'ils sont déposés dans un milieu où l'air ne soit ni agité ni vicié, et pour éviter qu'ils ne soient secoués ou cassés, ils devront reposer sur un lit de grain, blé, seigle, orge ou avoine.

Voici le modèle de l'armoire que nous avons adoptée

pour déposer les œufs de nos volailles de race en attendant qu'ils soient livrés à la couveuse.

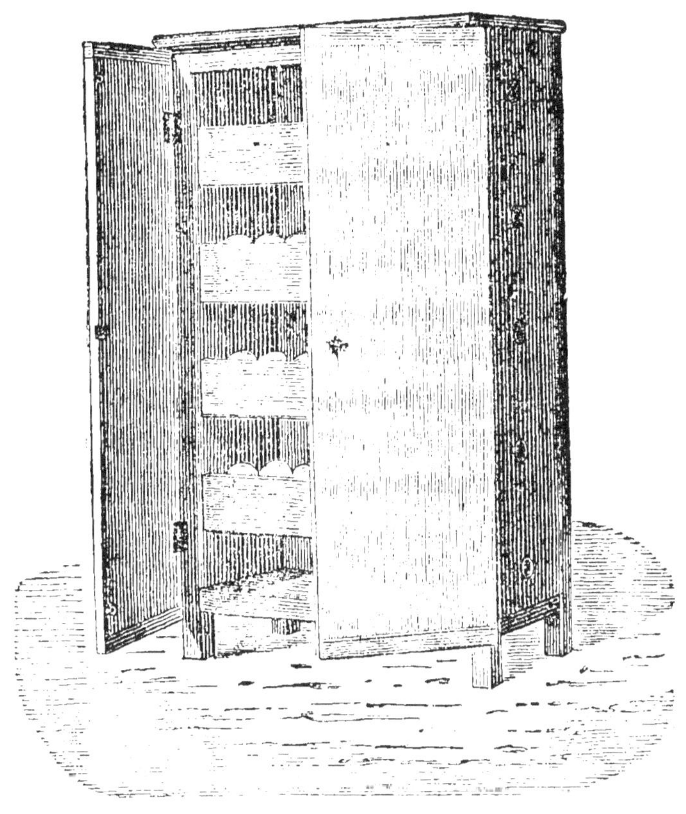

Cette armoire renferme des tiroirs pouvant être eux-mêmes divisés en plusieurs compartiments suivant le nombre de races qui composent la basse-cour. Le fond de chaque tiroir est garni d'un lit de grain renouvelé de temps en temps. De chaque côté de l'armoire sont ménagées de petites ouvertures ayant leur orifice en dessus de chaque tiroir, de sorte que l'air est suffisant pour entretenir la vie embryonnaire dans l'œuf, sans être en assez grande quantité pour activer l'évaporation. Des œufs ainsi conservés sont aussi propres à l'incubation au bout d'un mois que s'ils étaient frais pondus. Nous en avons gardé quelques-uns jusqu'à deux mois, qui ont parfaitement éclos.

Les œufs destinés à l'incubation peuvent-ils voyager sans inconvénients ? Cette question préoccupe bien des éleveurs, et surtout des amateurs qui font venir des œufs de pays lointains ; voici notre avis :

L'œuf peut voyager presque impunément quand il est frais. Dès qu'il commence à vieillir, la chambre à air qui se trouve au sommet de l'œuf, du côté du gros bout, et qui est à peine perceptible au moment de la ponte, augmente de jour en jour, par suite de l'évaporation, à travers la coquille, des parties aqueuses. Plus cette chambre à air augmente, plus le ballotage du liquide est violent. Il s'en suit alors un mélange plus ou moins complet des parties albumineuses et séreuses qui composent l'œuf, et une altération des facultés germinatives.

Un œuf dans ces conditions peut quelquefois produire un germe au début de l'incubation ; mais les vaisseaux qui se rattachent à l'embryon étant en partie rompus ou affaiblis par la fatigue, celui-ci meurt sans avoir la **force** de se développer.

Quand des œufs ont voyagé, il est bon de les laisser reposer, au moins un jour, avant de les soumettre à l'incubation.

De tous les œufs, ce sont ceux de poules qui supportent le mieux le déplacement.

Les œufs de canes et d'oies, même très frais, souffrent beaucoup du voyage ; ils sont complétement perdus s'ils sont vieux pondus. Ce fait provient du manque de densité du blanc et du jaune qui se désagrégent plus facilement.

L'œuf choisi pour couver doit être bien fait, ni trop gros ni trop petit. Un premier œuf est toujours clair, comme aussi le dernier de la ponte. Les œufs à deux jaunes, bien que souvent fécondés, doivent être rejetés; les deux germes se développent bien jusqu'au douzième ou quatorzième jour, et même plus loin, mais à ce moment, ils manquent d'alimentation, et meurent épuisés. Tout œuf à coquille marbrée, ou dont la couleur ne sera pas bien franche, doit être considéré comme mauvais : il est presque toujours clair.

Certaines personnes prétendent reconnaître les œufs fécondés avant la mise en couvée. Nous laisserons ce secret aux bonnes femmes, qui savent, en outre, ceux qui contiendront un coq ou une poule.

L'œuf fécondé ne peut être réellement reconnu qu'après trois jours d'incubation. Cette opération familière à tous les éleveurs s'appelle *mirage*. Les fermières mirent leurs œufs, avec la main, à la lueur d'une chandelle, ou dans l'embrasure d'une porte devant un rayon de soleil, mais ce mode est primitif

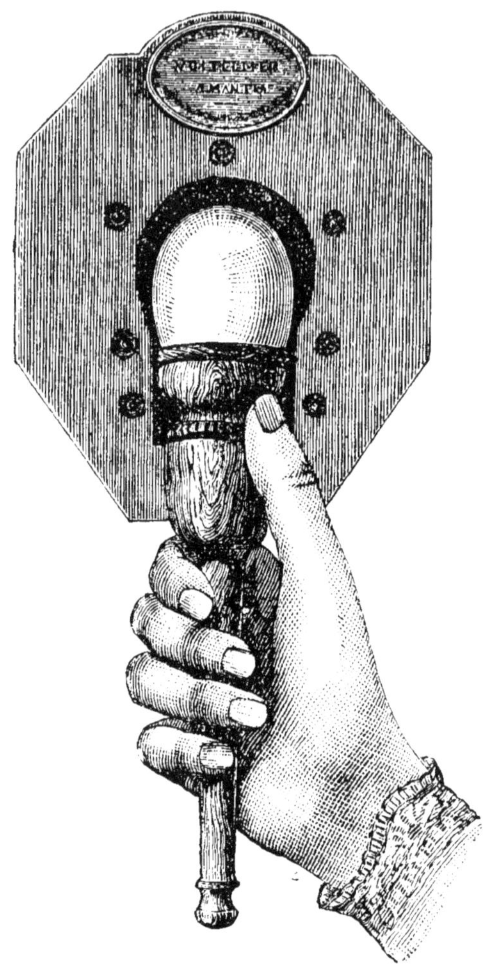

et ne donne pas une certitude absolue. Le mirage
s'opère plus rapidement et plus sûrement, même par

une personne inexpérimentée, à l'aide de *l'ovoscope,* petit instrument qui permet de distinguer à l'intérieur de l'œuf aussi nettement que si la coquille était supprimée.

L'ovoscope se compose d'un coquetier en bois dans lequel on place l'œuf, d'un petit manche sur lequel repose le coquetier et d'une plaque de métal, peinte en blanc d'un côté, en noir de l'autre, entourant l'œuf et le coquetier. Une petite bande de drap prend exactement la forme de l'œuf, de sorte qu'en présentant le tout à la flamme d'une bougie ou d'une lampe, la plaque de métal reflète la lumière, la bande de drap intercepte tous les rayons, pour les empêcher de frapper l'œil de l'opérateur, et toute la lumière est concentrée sur l'œuf.

Pour se servir de cet appareil voici comment il convient de procéder : Prendre l'ovoscope de la main droite, le pouce appuyé sur les canelures du coquetier, et le tenir verticalement devant une bougie, le plus près possible de la flamme ; placer, avec la main gauche, l'œuf dans le coquetier, le gros bout en l'air, puis le faire pivoter doucement, en pressant, avec le pouce de la main droite, les canelures du coquetier. Si l'œuf est fécondé, on devra voir très distinctement le germe affectant la forme d'une araignée rouge.

Si l'œuf n'est pas fécondé, et s'il était frais, au moment de la mise en couvée, il paraît presque aussi frais que le premier jour, et ne semble pas renfermer de jaune. S'il était vieux pondu, il pourrait avoir un commencement de décomposition, et le jaune, dans ce cas, semble flotter au milieu du blanc.

La figure ci-dessous représente un œuf vu à l'ovoscope après trois jours d'incubation.

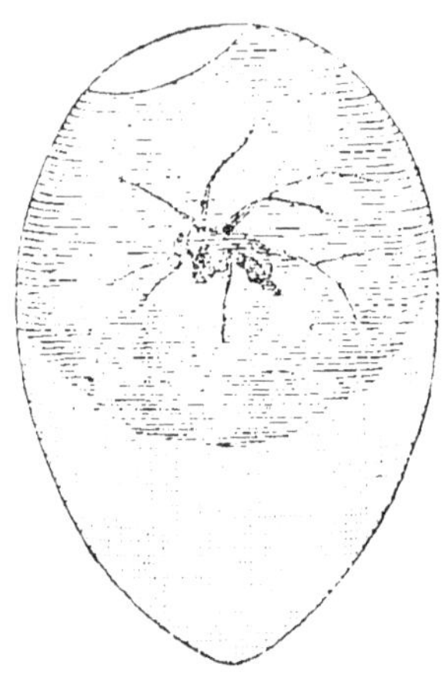

A douze jours, si le germe a continué à se développer, l'œuf devient opaque, et la chambre à air augmente. S'il est tourné en faux germe, suivant l'expression consacrée, on distinguera nettement le germe à forme d'araignée avec de longues pattes, mais plus terne qu'au quatrième jour et flottant au milieu d'un liquide troublé et noirâtre.

Du quinzième au seizième jour l'œuf devient complétement terne ; la chambre à air prend un cinquième du volume de l'œuf, il ne reste plus qu'un peu de transparence vers le gros bout.

Au moment d'éclore, le vingt-unième jour, l'œuf perd toute transparence, la chambre à air occupe plus du quart de l'œuf, et, si l'on regarde bien avec l'ovoscope, on aperçoit, dans le vide, le haut de la tête du poulet.

AMÉNAGEMENT DU POULAILLER

Le point de départ de la valeur d'une basse-cour est son aménagement.

Abandonnée à elle-même ou dirigée sans goût, elle est d'un produit inférieur ou nul, tandis que le revenu augmente en raison de la qualité des sujets.

Chaque race de volailles se développe plus favorablement dans son pays natal, et il est impossible de préconiser une race plutôt qu'une autre. La loi générale essentielle est d'entretenir cette race dans toute sa pureté ; plus elle se rapprochera de la perfection et plus les bénéfices augmenteront.

La pureté de la race ne peut s'entretenir que par la sélection, pratiquée avec méthode et discernement.

En dehors de la connaissance exacte des signes caractéristiques de race, il est certains points auxquels il importe de se conformer, et que nous allons essayer d'expliquer.

Quand une basse-cour est composée de deux ou trois cents poules, tous les sujets ne peuvent être de premier choix. Si l'on prend au hasard les œufs destinés à l'incubation, certainement l'année suivante, l'ensemble de la basse-cour sera sensiblement inférieur, car il arrivera souvent que les plus beaux coqs auront frayé avec les plus mauvaises poules, *et vice versâ*.

Il faut donc deux poulaillers : l'un produisant les œufs pour le marché, l'autre, ceux destinés à la reproduction. Ce dernier sera composé de deux coqs et de douze ou quinze poules tout au plus ; c'est le maximum de beaux sujets qui puissent se trouver parmi deux cents volailles.

Un coq seul suffirait pour féconder les œufs de quinze poules ; mais comme il est peu possible de trouver un animal réunissant à lui seul toutes les perfections, il se pourrait que ses produits se ressentissent davantage de ses légères imperfections et fussent, par suite, de second ordre et dépréciés. En choisissant deux coqs, il faut, autant que possible, qu'ils n'aient ni les mêmes défauts, ni les mêmes qualités, c'est-à-dire que ceux-là se neutralisent, et que celles-ci réunies forment un ensemble parfait.

Laissant de côté les discussions anciennes sur la part du mâle et de la femelle dans l'acte de la reproduction, nous dirons, sans crainte d'être démenti par les faits, qu'un coq réunissant certaines qualités, accouplé à des poules atteintes des défauts opposés, donnera des produits qui tendront à une constante amélioration ; c'est là, d'ailleurs, un fait de sélection élémentaire. Supposons un coq gros et bien fait dans toutes ses parties ; son seul défaut est une huppe peu fournie : il est certain que s'il est accouplé à une poule également bien faite, péchant par une ossature un peu faible, mais à très forte huppe, non-seulement les défauts s'atténueront de part et d'autre, mais il pourra même arriver que les produits surpassent les auteurs. Donc, deux coqs nous paraissent indispensables dans le poulailler de reproduction.

Chaque année, un quart des poules seulement sera remplacé par trois ou quatre des plus belles poulettes de l'année, et l'un des deux coqs devra céder sa place à un plus jeune.

S'il ne se trouvait pas un sujet digne de la prendre, on pourrait remettre ce remplacement à l'année suivante. Les sujets conservés pour la reproduction devront tous, sans exception, être nés vers le mois de mai, soit à l'époque des premières couvées de perdreaux. Les volailles nées à cette saison se développent plus facilement et atteignent, par suite, des formes plus parfaites. Nous considérons cette dernière indication comme des plus importantes.

On objectera que deux coqs reproducteurs ne peuvent être maintenus avec quinze poules dans le même parquet ; qu'ils se battront jusqu'à ce que l'un succombe, ou soit annihilé comme reproducteur ; que par suite de cette rivalité et de querelles incessantes, les poules délaissées ne donneront que des œufs clairs. Il est un moyen d'éviter le trouble dans ce sérail à deux sultans. On construit, aussi loin que possible de la basse-cour et du passage des autres poules, une petite cabane dans laquelle, chaque jour, l'un des deux coqs sera enfermé à son tour ; on procède à cette séquestration le soir, au moment de la fermeture du poulailler, le coq pouvant être facilement saisi. La cabane du prisonnier sera assez éloignée pour que, sans se tourmenter, il repose et mange tranquillement pendant la journée.

De cette façon, celui des deux coqs qui est en liberté est seul maître, et ne pense pas à batailler ; il est aussi plus vigoureux après un jour de repos. Il n'adopte pas de préférence une ou deux poules, qui deviennent ses favorites aux dépens des autres, et les œufs d'une même poule sont alternativement fécondés par l'un et par l'autre.

Le poulailler modèle devra être le mieux situé ; les poules coucheront dans un endroit abrité du froid, et auront à discrétion de la verdure ou une petite prairie ; puis on leur donnera une nourriture substantielle et plutôt échauffante, telle que l'avoine, le maïs, et au besoin un peu de chenevis. Avec ce régime la ponte sera précoce, et les germes contenus dans les œufs seront plus vigoureux et mieux disposés à l'incubation.

DES CROISEMENTS

Les croisements, la consanguinité et la sélection, occupent depuis des siècles les savants, les chercheurs et surtout les novateurs. La vie d'hommes illustres dans la science s'y est épuisée, et tout en reconnaissant que l'homme a transformé et pétri de ses mains la matière animale, nous sentons parfois que bien des points de la question restent insolubles. Nous la traiterons donc dans la mesure de nos forces, du côté le plus pratique, et notre hardiesse paraîtra d'autant plus excusable qu'il s'agit, en somme, d'un petit coin du domaine biologique presque dédaigné, celui de la basse-cour. Nous partirons de ce principe qu'en fait de volailles, il faut s'en tenir aux races pures, en les perfectionnant le plus possible, et qu'il faut éviter de les mélanger entre elles. La nature a su faire assez de croisements présentant des caractères stables et permanents, pour que nous n'ayons pas besoin d'en inventer de nouveaux. Les races primitives et leurs dérivés offrent assez de variétés pour satisfaire nos goûts et nos intérêts divers. Nous ne trouvons aucun avantage aux croisements.

Nos expositions annuelles ne prouvent-elles pas jusqu'à l'évidence que les races pures et leurs variétés sont en quantité bien assez considérable pour satisfaire tous les besoins. L'amateur y trouve, pour sa volière, les formes élégantes et fines, les plumages vifs et brillants. Le gourmet n'a que l'embarras du choix dans les races donnant une chair délicate et succulente ; le marchand qui veut des bêtes grasses et lourdes est aussi bien partagé. Que trouvera-t-on de plus en croisant ces diverses races ? Des sujets ne possédant au complet ni l'une ni l'autre des qualités demandées ; mais ayant un peu de tous les défauts. Quel exemple pourrait-on citer d'un croisement heureux, supérieur sous tous les rapports à ses auteurs. Est-ce le produit du Cochinchinois et du Crèvecœur ? Est-ce celui du Brahma et du Houdan ? ou bien encore celui du Crèvecœur et du Houdan, n'ayant pas moins de qualités, puisque les auteurs ont de grands points de ressemblance, mais n'en gagnant aucune ; le seul résultat obtenu est un vilain Houdan ou un mauvais Crèvecœur.

Aucun de ces croisements ne pourra conserver son même type pendant trois générations.

Il rentre forcément dans le type de l'un ou de l'autre de ses auteurs, mais en perdant tous ses principaux caractères de race. Le seul résultat est l'abâtardissement de l'espèce.

Perfectionnons donc chaque race en lui donnant, par la sélection, ce qui peut lui manquer.

Usons de chacune suivant son aptitude :

Du Cochinchinois pour la couvée, du Houdan pour la ponte et la précocité de l'engraissement, du Fléchois pour l'engraissement excessif. Nos poulardes du Mans ou de la Bresse ne sont-elles pas assez grosses, sans rendre leur chair coriace par un mélange de grandes races étrangères. Il est temps d'ailleurs de perdre cette habitude, prise depuis quelques années, de considérer les Cochinchinois comme la « panacée universelle » de la basse-cour.

Une race semblait-elle trop petite, vite un gros coq fauve ; semblait-elle mal couver, courons chercher un coq Brahma ; et, l'on s'extasiait sur la beauté du nouveau produit. Mais en somme ce produit était inférieur à chacune des races croisées. Le Cochinchinois et le Brahma sont de magnifiques volailles, réunissant peut-être une somme de qualités bien supérieure à leurs défauts, mais à la condition d'être conservées dans toute leur pureté. Croisés aux races françaises ils transmettent bien tous leurs défauts, mais leurs qualités sont amoindries. — C'est avec cette mode des croisements qu'on est parvenu à désorganiser toutes nos basses-cours, et qu'il n'est plus possible de trouver les races dans leur pays d'origine. Il n'y a plus en France qu'un nombre très limité d'éleveurs et d'amateurs qui possèdent des volailles entretenues dans leur état de pureté.

Heureusement que nos concours régionaux, et surtout notre grande exposition annuelle de Paris, se sont insurgés contre les croisements, et ont obstinément refusé leurs récompenses à tous les métis de hasard qu'on a essayé de leur présenter. Il eût été si facile d'avoir, dans sa basse-cour, quelques volailles de diverses espèces, dont on aurait à peine connu les noms, et, quand par hasard, il serait né un beau sujet, de le présenter au concours comme le résultat de croisements savamment combinés, et de se dire, à si peu de frais, éleveur et connaisseur.

Le grand résultat pratique des concours a été de nous protéger contre cette dégénérescence du bon goût. Grâce à eux, nous voyons, chaque année, nos grandes races s'améliorer par une sélection intelligente, et, comme preuve du progrès réalisé, nous pourrions citer plusieurs éleveurs dont les volailles obtenaient jadis les premiers prix et qui n'ayant fait que maintenir leur basse-cour dans le même état, sont aujourd'hui tout à fait distancés. On peut poser en thèse générale que, si les premiers prix d'il y a dix ans concouraient aujourd'hui, c'est à peine s'ils arriveraient en troisième ligne. Continuons donc à marcher résolûment dans cette voie dont les avantages ressortent si clairement, et posons comme principe absolu de l'amélioration des basses-cours, l'abstention complète de croisements et le perfectionnement par la sélection.

DE LA CONSANGUINITÉ ET DE L'ALBINISME

Faut-il renouveler le sang de sa basse-cour, et quand faut-il le faire ? Cette grave question a été souvent agitée, et le croisement de sang a été surtout préconisé dans ces derniers temps ; sans repousser absolument ce moyen, nous sommes d'avis qu'il n'en faut user qu'avec la plus grande réserve.

Les races dégénèrent, dit-on, et il faut recourir à la souche primitive, pour ramener le produit à son état normal. D'accord sur ce principe fondamental, nous ferons cependant remarquer que son application est seu'ement opportune pour celui qui n'a pas su entretenir la race dans toute sa pureté, c'est-à-dire, qui n'a pas élevé en assez grande quantité pour pouvoir trouver des reproducteurs d'élite, qui n'a pas su sacrifier un reproducteur atteint de quelques légers défauts, pour celui enfin qui, ne connaissant pas nettement tous les caractères propres à la race qu'il élève, n'a pas fait les sacrifices nécessaires à son amélioration.

Mais si, par la sélection, on est arrivé à ne livrer à la reproduction que des animaux chez lesquels les qualités, tendant à se perdre, sont les plus saillantes et les plus accentuées, on arrivera à maintenir le type primitif, tout en gardant les qualités acquises par le séjour dans un autre milieu.

Ce qui tend à s'effacer, disparaît doublement à chaque génération, quand le père et la mère présentent les mêmes défauts.

On a beaucoup parlé des vices résultant de la consanguinité ; mais, nous le demandons, pourquoi la perdrix ne dégénère-t-elle pas ? Les accouplements se font cependant presque toujours entre frères et sœurs.

Les deux petits du ramier ou de la tourterelle, presque toujours mâle et femelle, s'accouplent immédiatement ensemble ; or, malgré cette consanguinité incessante, ils n'ont pas encore dégénéré.

Les exemples de ce fait sont trop nombreux pour les citer tous.

Si ces races se maintiennent dans leur état naturel, c'est qu'une force supérieure s'oppose à toute déviation. L'animal qui tendrait à dégénérer, est plus faible ; ses compagnons ne le reconnaissent pas pour faire partie de la famille, et, mis à l'écart par ses congénères, il disparaît sans avoir fait souche.

Il est d'ailleurs une loi naturelle qu'il nous faut accepter sans que notre faible raison puisse en trouver l'explication c'est que tout, dans la nature, tend à reprendre son type primitif, et se rajeunit pour ainsi dire dans un renouvellement incessant, mais en remontant toujours vers le point de départ.

Les variétés de races d'animaux, sous un même climat, sont plutôt le produit de la civilisation que celui de la création.

Une race créée par l'homme ne peut être entretenue que par ses soins assidus, mais dès qu'elle est livrée à elle-même, la nature reprend ses droits et la ramène à sa première forme.

Abandonnez dans un parc les plus belles espèces de lapins domestiques : au bout de quelques années, leurs descendants seront des lapins de garenne.

La proposition contraire est également vraie ; si l'excès de soins donnés à un animal a fini par amener, dans sa race, l'affaiblissement et l'anémie, laissez-lui la liberté complète, il reprendra bientôt ses qualitées primitives.

Quelle que soit la permanence d'une race, il faut donc la maintenir par des soins constants et entendus.

C'est une lutte perpétuelle avec la nature qui cherche à reprendre les droits, que les besoins et la fantaisie de l'homme lui ont ravis.

Plusieurs auteurs prétendent que le signe principal de la dégénérescence chez les animaux est la couleur blanche. L'albinisme ne serait, à leur sens, que le résultat de la consanguinité poussée à l'excès.

Un animal blanc devrait être considéré comme un des derniers rejetons d'une famille prête à s'éteindre dans l'impuissance et la décrépitude.

Cette théorie peut, comme tous les paradoxes, trouver l'appui des arguments les plus spécieux, mais ne saurait être admise dans la pratique.

A l'état de nature, nous trouvons bien des animaux blancs dans les climats hyperboréens.

A notre sens, la nature protectrice a donné aux animaux un pelage et un plumage en harmonie avec la teinte du sol où ils doivent vivre et se défendre ; les lièvres sont blancs sur les flancs neigeux des Alpes.

Dans nos régions, le cygne est blanc et vit en pleine liberté.

Si les animaux blancs étaient en état de dégénérescence, leurs produits, de plus en plus faibles, finiraient par rentrer dans le néant. Cependant nous entretenons depuis des siècles des races blanches dont les représentants ont toujours la même vigueur.

Dans certains oiseaux, l'oie par exemple, le mâle (sauf dans quelques variétés) est toujours blanc, tandis que *toutes les femelles sans exception* sont grises. On ne peut véritablement, en ce cas, conclure à la dégénérescence.

Une race amenée au blanc par une fantaisie de sélection, au lieu de s'éteindre dans l'épuisement d'une consanguinité répétée, tend toujours à reprendre sa couleur primitive.

L'albinisme peut être envisagé à tout autre point de vue dans l'espèce humaine, où la consanguinité produit des résultats bien différents. Ces résultats doivent aussi être attribués à d'autres causes :

Si les législateurs religieux et politiques ont pris de tout temps des mesures pour empêcher les unions consanguines, ils ont eu pleinement raison. Ces unions ne sont le plus souvent dictées que par les convenances personnelles, et l'on tient peu compte des qualités physiques en vue de l'amélioration de la race.

Si les unions entre parents sont souvent stériles, si les enfants sont atteints de crétinisme, d'albinisme ou de toutes ces infirmités que l'on peut considérer comme signes évidents de dégénérescence, c'est que ces alliances ont presque toujours été facilitées par la prédominance des mêmes défauts.

Des individus à vues étroites, qui auront toujours vécu dans le même cercle, marieront entre eux des enfants, dont l'intelligence ne se sera pas élevée au dessus du milieu où vivent leurs familles. Ces jeunes gens eux-mêmes, retenus par cette tendance propre à l'espèce humaine, qui fait éviter l'homme supérieur pour rechercher celui qu'on peut dominer, s'uniront et transmettront à leurs enfants la somme de leurs défauts, augmentée, en vertu de la loi de progression, dans la proportion normale.

De là les désordres si fâcheux résultant des unions entre parents.

Ces considérations morales ne pouvant s'appliquer aux animaux, il s'en suit qu'ils n'ont pas à subir les mêmes effets, et qu'on ne doit pas rationnellement tirer de l'espèce humaine, des arguments contre la consanguinité des animaux.

Lors de la première édition de notre petit ouvrage,

nous étions à peu près seuls à nier l'influence de la consanguinité.

Aujourd'hui notre opinion est confirmée par l'éminent écrivain naturaliste, M. La Perre de Roo, dont les expériences et les observations ont été publiées dans un récent *Bulletin de la Société d'acclimatation*.

Nous persistons donc, plus que jamais, à considérer la sélection comme le meilleur mode de perfectionnement de l'espèce, pour les animaux élevés et entretenus dans des conditions ordinaires d'hygiène, sans avoir égard aux influences de la consanguinité.

Aux personnes qui objectent que la consanguinité, sans effet sur des animaux libres ou dans des conditions équivalentes à la liberté, est pernicieuse pour les animaux élevés en parquets et soumis à un régime malsain, nous répondrons : Ne cherchez pas à faire de l'élevage si vous ne pouvez donner à vos reproducteurs tout le confortable nécessaire, vous ne parviendrez jamais à améliorer la race.

DES RACES

En décrivant les principales races de volailles
Françaises et Étrangères, nous n'entreprendrons pas
d'établir leur généalogie d'une façon précise, et de
rechercher leur origine dans les races antiques. C'est
là une étude d'histoire naturelle, qui peut avoir, pour
la science, un grand intérêt, mais dont l'utilité nous
semble douteuse, pour l'aménagement de nos basses-
cours.

Il est certain que toutes nos races de volailles
proviennent d'un seul type primitif, mais ce type a été
si dénaturé, et tantôt amélioré, tantôt affaibli, suivant
les besoins des divers climats, qu'il serait impossible
de le reconstituer.

Pour nous, le mot de race peut être appliqué à toute
variété, qui une fois acclimatée dans un pays, s'y
maintient et y fait souche.

Partant de ce principe, nous combattrons énergiquement ces théories, d'après lesquelles le meilleur
moyen d'améliorer une race serait de bien déterminer
de quel croisement elle peut être issue, et de la croiser,
à nouveau, avec un des types supposés primitifs, pour
lui donner plus de vigueur.

L'application de ce moyen ne peut que dénaturer la race et lui faire perdre les qualités qu'elle avait acquise par une longue acclimatation.

La sélection, pratiquée avec méthode et persévérance, donnera des résultats bien supérieurs, et surtout bien plus durables.

LA POULE COMMUNE

La poule commune forme le fond de toutes les basses-cours françaises, les poulaillers modèles ou simplement améliorés ne constituant qu'une très-rare exception. Il nous faut donc en parler, et donner notre opinion sur ce qu'elle nous paraît être, ce qu'elle vaut, et ce qu'on peut en attendre.

On a beaucoup parlé d'elle ; nous avons lu son signalement et même vu le portrait linéaire du coq et de la poule commune ; mais si des indications si précises pouvaient être données, nous serions en présence d'une race permanente, alors qu'il s'agit d'un produit dû à une promiscuité sans frein et datant de bien loin.

La nature a heureusement limité les croisements ; elle les a renfermés dans un milieu topographiquement dessiné, où l'influence de la température et de l'alimentation s'est fait énergiquement sentir.

De telle sorte qu'aujourd'hui, on peut rationnellement avancer que nos races françaises une fois constituées par les influences ci-dessus, il s'est formé, par extension et sur un cercle plus étendu, un type plus ou moins dégradé, lequel s'est encore modifié par quelques croisements de race étrangère.

Les races ont produit des sous-races qui se sont maintenues par la sélection ; Crèvecœur a donné la Normande et divers autres dérivés, qui se sont bien élevés dans la zône de cette race type.

Toutes les races sont donc entourées, dans leur milieu natif, d'une poule commune qui ne ressemble pas à celle des autres régions.

Telle est la situation actuelle, et elle nous porte naturellement à formuler l'avis suivant :

Assez de croisements ; il est temps d'améliorer les éléments qui existent par une intelligente sélection.

Nous trouverons assurément dans les variétés de la poule commune de notre région les moyens de revenir petit à petit au type, par une amélioration successive, Ce serait une erreur fâcheuse que de vouloir y rentrer brusquement par un croisement de race immédiat.

Bien que nous n'acceptions pas les éloges outrés donnés dans ces derniers temps à la poule commune, nous ne nierons pas cependant qu'elle n'ait une certaine valeur que nous définirons ainsi : Après avoir perdu les qualités particulières et essentielles qui sont groupées à un haut degré dans la race ou les races dont elle provient, elle s'est assimilé leurs qualités et leurs défauts dans une proportion moyenne et effacée.

Que ceux à qui cette moyenne suffit restent dans les conditions où nous sommes actuellement. Pour nous, cet effacement est un vice, parce qu'il donne comme résultat une viande insapide, une bête peu présentable, rapetissée, avec une grosse ossature.

3

Les quelques avantages de la poule commune sont dus à ses habitudes vagabondes, qui lui procurent une nourriture plus variée, et l'obligent à une défense plus active de sa couvée ; elle est conséquemment rustique et bonne mère ; mais sa manie coureuse, son maraudage, sa ponte au dehors, sont aussi des revers de médaille.

Quant à dire que la promiscuité dont elle est issue lui a donné des aptitudes multiples, nous ne pouvons le croire. Une poule ne peut produire tout à la fois, et dans une proportion exceptionnelle, de la viande, des œufs et des poussins. Si elle possède deux de ces qualités, elle ne peuvent être que considérablement amoindries.

On a comparé les résultats acquis et affirmés par Buffon à ceux obtenus de notre temps. D'après ce grand naturaliste, la moyenne annuelle des œufs pondus, par poule, était de 150 ; elle serait aujourd'hui de 160.

Le poids moyen des œufs était de 44 grammes, il serait de 64.

Le poids total des pontes moyennes était de 4 kil. 100 gr. ; il serait présentement de 10 kil. 197 gr.

Si ces données sont exactes, elles fournissent un gros argument en faveur de la poule commune.

Mais comment a-t-on pu établir avec quelque certitude une statistique de cette nature ?

Si les rapports de douane évaluent approximativement la production des œufs en France, est-t-il possible de déterminer, par à peu près, le nombre des poules qui y sont élevées ?

Et, tout d'abord, le résultat maximum annuel de la ponte, porté à 160, aurait été pris sur celui accusé par des granes établissements modèles du pays. Il ne résulte pas d'une moyenne générale. Le dictionnaire de l'agriculture ne l'évalue qu'à 54. Lequel croire ? L'autorité de Buffon lui-même serait mise en suspicion.

Comment tenir compte, même d'une manière approximative, du nombre de poules couveuses détournées de la ponte, pendant 60 jours, par l'incubation et la conduite des poussins ?

Est-il possible de savoir comment s'est opéré le renouvellement du sang dans les basses-cours : s'est-il fait par âge de trois, quatre ou cinq années, c'est-à-dire dans des périodes où la poule pond plus ou moins ? Ces calculs nous paraissent établis sur des bases fort discutables ; les éléments certainement font défaut. Nous ne saurions donc les admettre, quelle que soit notre déférence pour les autorités dont elles émanent, et nous restons dans une opinion défavorable à la poule commune. Nous préférerons toujours la race, parce qu'elle seule, lorsqu'elle est bien fixée dans le milieu qui lui est propre, peut donner satisfaction à tous les intérêts.

Nous avons entendu bien des objections sur les particularités de la forme extérieure. Que nous importe, dit-on, que le Houdan et le Dorking aient un cinquième doigt, que la crête de l'un soit plus grande ou plus petite que celle de l'autre? Si la poule commune me donne ce que je cherche, je n'en demanderai pas davantage. Vous le donnera-t-elle longtemps, elle et sa descendance? Te le est la question. Puis on fait confusion entre la cause et l'effet, et rien d'ailleurs n'est indifférent dans les détails du caractère typique.

Pline signalait ce cinquième doigt comme l'indice d'une race pure, qui rendait la bête admissible dans les sacrifices religieux, à Rome. Les aruspices, consommateurs des animaux sacrifiés, étaient les fins connaisseurs, les bouches distinguées de ces temps reculés. Ils ne s'étaient pas mépris sur ce caractère extérieur, qui indiquait une chair plus savoureuse.

RACE DE HOUDAN

La poule de Houdan peut être appelée la reine des
basses-cours françaises. Elle seule, en effet, réunit
l'élégance de port et de forme, le plumage gai et
coquet, à toutes les qualités pratiques exigées par la
fermière. Elle est bonne pondeuse, facile à engraisser,
et sa chaire est délicate entre toutes. C'est donc bien
à elle que doit appartenir le premier rang dans les
races françaises, bien que, jusqu'à ce jour, les auteurs
de catalogues d'expositions, l'aient toujours classée au
troisième.

Quoi de plus agréable à l'œil qu'une basse-cour
uniquement composée de Houdans purs et bien choisis?
Ce plumage papilloté, toujours brillant, ces huppes
gracieusement relevées, ces larges crêtes, si fièrement
portées par les coqs, ont certes un aspect plus agréable
qu'un troupeau de volailles toutes noires ou toutes
blanches, dont l'ensemble monotone et triste manque
de relief dans la vie de campagne. Avouons toutefois
que rien n'est flatteur dans une troupe de Houdans
dégénérés ; les huppes deviennent sales et pendantes ;
elles tombent d'un côté, et rendent la poule borgne ;
la gorge est mince et toujours couverte de boue, bref,
l'ensemble est déplaisant. Quand une basse-cour présente cet aspect, on peut dire que la fermière est non-

seulement sans goût, mais qu'elle a péché par une négligence bien préjudiciable à ses intérêts. Elle a perdu, par sa faute, une source réelle de revenus, puisque des volailles dégénérées ne produisent jamais autant que celles qui sont maintenues dans toute leur pureté.

Un peu plus de goût et surtout moins de lésinerie ; choisissez avec attention et intelligence vos reproducteurs, sacrifiez sans hésitation toute bête qui présente un défaut transmissible pour la reproduction, et vous aurez fait certainement une opération profitable.

Certains savants ont prétendu que le Houdan n'était qu'une sous-race provenant d'un croisement entre le Crèvecœur et le Dorking, que, par suite, il était difficile d'en définir nettement les caractères, et qu'en outre les véritables types de cette sous-race étaient devenus très-rares.

Nous voyons là deux erreurs. Nous ne présentons pas le Houdan comme une race primitive dont les ancêtres remontraient à l'état sauvage ; mais nous sommes d'avis que, vu son état de perfection et de performance, elle constitue une véritable race à l'égal du Crèvecœur et du Dorking, dont elle ne saurait être le produit, attendu qu'elle n'en possède aucun des caractères. Nous allons essayer de le démontrer :

A première vue, le Houdan, sauf la couleur, ressemble au Crèvecœur, mais il en diffère essentiellement dans le fond et dans la forme. Ses mœurs ne sont pas les

mêmes ; le Houdan est calme et tranquille, gratte peu
et se contente d'un petit espace. Les sujets élevés en
parquets peuvent devenir aussi beaux que ceux élevés
en pleine liberté. Au Crèvecœur, au contraire, il faut
le mouvement, la prairie et l'exercice. Elevé dans un
parquet resserré, il est presque toujours malade, et
n'arrive jamais au même développement, il lui faut
spécialement un terrain sablonneux et de vastes prairies.

Le Houdan, transporté dans toutes les contrées d'Europe
s'y acclimate bien et conserve son type de race. Le

Crèvecœur y vit difficilement, et l'on peut constater sa tendance à dégénérer au bout de quelques années.

Quant à la forme, la différence est aussi grande. L'une a cinq doigts aux pattes, l'autre quatre. La poule de Houdan est plus élancée, sa huppe, au lieu d'être arrondie et de cacher les yeux, se relève au contraire au-dessus de la tête, et, tout en étant aussi volumineuse,

paraît moins lourde et moins gênante. La crête du coq est aussi toute différente. Selon nous, on ne peut établir aucune analogie sérieuse entre ces deux races. Voyons maintenant si quelques rapports existent avec le Dorking.

Le seul point de ressemblance est la patte, mais cette seule similitude ne saurait former une parenté, car pourquoi l'un aurait-il eu plutôt que l'autre le privilége de naître avec cinq doigts. Quant à la couleur, elle n'a aucun rapport. Le coq Dorking est noir et argenté ; la poule est d'un gris roux. La crête du coq est grande et simple, celle du Houdan triple et moyenne. Le Dorking n'a aucune trace de huppe, ni de gorge, il est aussi plus ramassé et trapu. La poule est très-bonne couveuse. L'autre ne couve presque jamais. Ici, nous ne trouvons encore aucune corrélation. Le Houdan doit donc bien être considéré comme une race dont le signalement peut être indiqué comme suit : Nous nous abstiendrons cependant de fixer les dimensions de l'animal, ainsi que son poids en chair, en os, etc., comme l'ont fait certains auteurs. La race de Houdan est une grande et forte race. Entre deux sujets d'égal mérite, comme caractères généraux, on doit, sans hésiter, choisir le plus fort. Mais, il est impossible de fixer un poids, car il varie suivant l'âge et l'embonpoint du sujet.

Plumage. — Invariablement composé de blanc et de noir, à reflets verdâtres, surtout chez le coq, sur les plumes de la queue. Les plumes du vol (trois premières de l'aile) sont blanches. Le plumage est caillouté, c'est-à-dire également mêlé de noir et de blanc, sans plumes rougeâtres ni grisâtres ; le jaune paille, même, doit être banni comme étant le précurseur du jaune foncé. Les deux nuances ne doivent jamais être confondues ensemble, mais bien divisées par petits intervalles de noir et de blanc. Cependant, jusqu'à l'âge de deux mois à deux mois et demi, le plumage des jeunes poulets et poulettes est composé de grandes taches blanches et noires ; il se cailloute en vieillissant. La poule, comme le coq. tend à blanchir après la première année.

Huppe. — Forte, composée de noir et de blanc, légèrement relevée devant les yeux ; presque droite chez le coq, avec plusieurs plumes revenant en avant.

Favoris. — Longs.

Oreillons . — Petits, blancs, presque cachés par les favoris.

Cravate. — Descendant environ jusqu'au tiers du cou. Elle n'affecte pas complétement la forme ronde et doit être plus étroite à la base, du côté du bec, qu'à l'extrémité opposée.

Barbillons. — Petits, d'environ deux centimètres chez le coq adulte, rudimentaires chez la poule.

Crête. — Forte, en gobelet, légèrement dentelée sur les bords. La crête de la poule ressemble à celle du coq, mais est beaucoup plus petite.

Bec. — Fort et court, légèrement recourbé, noir à sa base, blanc à son extrémité.

Patte. — Forte, avec cinq doigts bien détachés les uns des autres, blanche tachetée de noir, légèrement rosée chez le poulet. Eperons forts et blancs chez le coq ; toute poule qui en aurait trace doit être considérée comme de nulle valeur.

RACE DE MANTES

La poule de Mantes, n'est pas encore très répandue. C'est une race ancienne que nous avons reconstituée tout récemment en réunissant quelques spécimens épars dans la contrée. Elle a fait pour la première fois son apparition à l'Exposition Universelle de 1878, où elle a excité l'admiration de tous les amateurs. Le Jury a consacré son existence par une médaille justement méritée.

La race de Mantes, par suite de sa grande analogie avec le Houdan, pourrait être considérée comme une sous-race.

Cependant elle en diffère assez sensiblement pour avoir droit à une place égale.

Elle possède amplement toutes les qualités du Houdan, sans en avoir tous les défauts, et si elle n'est pas encore assez connue pour être classée au premier rang, nous ne serions pas surpris de la voir dépasser son aînée dans un temps peu éloigné.

La poule de Mantes a le plumage caillouté comme celle de Houdan, mais elle n'a que quatre doigts aux pattes, et pas de huppe, ce qui est un grand avantage par les temps humides.

La tête est ornée d'une large crête, tombant gracieusement sur le côté, et d'une cravate très développée.

D'une précocité remarquable, elle prend facilement
la graisse et sa chair est des plus fines. Son tempéra-
ment rustique la protége contre bien des maladies.
Enfin c'est une excellente pondeuse, ses œufs sont
gros et d'un beau blanc.

Elle joint à ces qualités, celle de couver suffisamment, et de conduire ses petits avec le plus grand
soin.

Le coq a le corps large et allongé, et sa taille dépasse

généralement celle du Houdan. Il porte la crête droite

et très volumineuse, avec barbillons courts, cachés dans l'épaisseur de la cravate.

La poule de Mantes est la poule de ferme par excellence. Elle est très répandue, sous sa forme commune, aux environs de la ville dont elle tire son nom, et les éleveurs la tiennent en très grande estime.

RACE DE CRÈVECOEUR

Le Crèvecœur est une de nos plus belles et de nos plus anciennes races. Son plumage est entièrement noir, avec reflets verdâtres chez le coq. Il reste une variété blanche et une grise, mais elles n'ont été obtenues que par des fantaisies de sélection ou des croisements avec la poule de Padoue. Les produits de ces dérivés sont toujours inférieurs à ceux de la principale et ne sont estimés que par les amateurs de difficultés. Nous n'avons donc à nous occuper que de la race type, la noire.

Souvent le plumage des jeunes poulets est mêlé de blanc surtout à la huppe. Ces plumes disparaissent au bout de quelques mois, mais on les voit reparaître inévitablement à la deuxième année ; il est donc important de ne choisir pour la reproduction que des sujets n'ayant pas eu de plumes blanches dans leur jeunesse. La moindre trace de blanc, dans une race noire, doit être considérée comme un commencement de dégénérescence. Un des signes caractéristiques de la race est la forme particulière des plumes du coq. Toutes les plumes du dos du camail et de la huppe paraissent taillées en fer de lance.

Le corps du Crèvecœur est largement développé,

et plus allongé que celui du Houdan ; les pattes sont aussi plus courtes, et l'ossature est plus légère.

La huppe ronde et fournie domine les deux petites cornes qui forment la crête. Les barbillons sont charnus et de longueur moyenne, les oreillons petits et cachés sous les favoris ; la cravate est longue et volumineuse. Sur le bec fort et un peu droit les narines paraissent ouvertes et boursouflées. La patte bleu ardoisé est armée d'un éperon très fort et noir.

La poule très bonne pondeuse, n'a aucune disposition pour couver.

Le Crèvecœur est un peu moins précoce que le Houdan et plus délicat. Il lui faut l'espace des prairies ou des bois pour bien se développer.

La chair est nécessairement blanche et fine. Il s'engraisse facilement ; on pourrait même dire trop facilement, car c'est là son principal défaut quand il n'est pas maintenu à l'état libre.

On peut aussi reprocher au Crèvecœur d'être sensible aux brusques variations de température. Il craint plus que tout autre l'humidité, et est, par ce fait, plus prédisposé aux angines, aux maux d'yeux, aux indigestions et à la diarrhée. Il est difficile à acclimater à l'étranger, et demande même en France certains ménagements pour être changé de localité. On peut dire du Crèvecœur que c'est la race qui présente à la fois les plus grands défauts et les plus grandes qualités.

LA FLÈCHE

La plus grande de nos races françaises.

La poule de La Flèche plus haute sur pattes que les précédentes, est moins gracieuse ; son corps, quoique paraissant moins gros, a plus de volume, car ses plumes sont bien plus collées au corps que celles des autres races.

La race de La Flèche a donné naissance à plusieurs sous-races, celles de Barbezieux et du Mans ; il y a également quelques fléchois blancs.

Le plumage est entièrement noir avec reflets verdâtres. La huppe, presque nulle, affecte la forme d'un petit épi rejeté en arrière. La crête, moins grande que celle du Crèvecœur, représente deux petites cornes presque aussi grosses à la base qu'au sommet ; un petit crétillon de la grosseur d'un pois est détaché en avant entre les deux narines.

Les barbillons sont pendants et très allongés. Les oreillons de très grande dimension, se replient sous le cou, et sont d'un blanc mat, sans la moindre trace de filets sanguins. La cravate est nulle. Le bec est court et légèrement recourbé, noir à sa base et jaunâtre au bout ; les narines sont grandes et ouvertes. La patte est bleu ardoisé.

Le fléchois est moins précoce que les précédents ;

il lui faut comme au Crèvecœur, l'espace pour se développer. Un peu plus délicat peut-être, il s'acclimate mal dans les pays étrangers. Il est remarquablement construit pour prendre la graisse et arriver à l'embonpoint excessif.

Cette race est une de celles qui peuvent subir le plus facilement l'opération du chaponnage.

La poule est bonne pondeuse, et ses œufs sont remarquablement gros. Elle couve peu.

DORKING

La première des races Anglaises. Elle peut marcher de pair avec nos meilleures espèces Françaises. Certains amateurs l'ont même placée au premier rang.

Le Dorking, en effet, possède la taille et la vigueur, et sa chair, sans être aussi succulente que celle de nos

grandes races, est des plus délicates ; la poule est assez bonne pondeuse et couve suffisamment.

Il est peut-être un peu moins rustique en France que dans son pays d'origine, mais il s'acclimate facilement dans le Centre et dans le Nord.

Comme aspect général, le Dorking forme une très jolie basse-cour. Le coq joint à son riche plumage une remarquable prestance, la poule, d'un gris roux, rappelle la couleur de la perdrix. Nous donnerons seulement ici le signalement du Dorking type, sans nous occuper de ses dérivés.

Le coq est de grande taille, avec poitrine large, queue volumineuse, pattes fortes, de moyenne longueur; moins élevé que le Fléchois, il a l'ampleur du Crèvecœur, et dépasse souvent les deux comme force.

Le plumage est argenté sur le dos et noir à la poitrine et aux cuisses; la queue noire à reflets verdâtres.

La couleur de la patte est d'un blanc mat un peu jaunâtre avec reflets rosés; l'écaille est excessivement lisse; un cinquième doigt bien détaché caractérise la race.

La poule a la crête pendante sur le côté; le coq la porte droite et très volumineuse; il a les barbillons longs, et l'oreillon rouge. Son caractère est batailleur. Les poules sont disposées au picage; elles recherchent le sang avec avidité, et dès que l'une d'elles a quelques plumes arrachées, les autres la dévorent sans pitié. C'est là un des principaux défauts du Dorking pour l'élevage en parquets.

Comme dérivés de la race nous citerons le Dorking coloré (c'est-à-dire de même couleur que le type, mais plus foncé et représentant en noir les parties claires du plumage) le blanc, le coucou, le gris et le noir. Il y a pour chaque nuance une variété à crête double.

HAMBOURG

Peu répandue dans son pays d'origine, cette race est particulièrement cultivée en Angleterre. C'est d'elle que provient la sous-race de Campine, à laquelle quelques amateurs donnent la préférence. La race de Hambourg est peut-être celle qui, dans ces derniers temps, a obtenu la plus grande vogue. Ses admirateurs l'ont appelée *poule pond tous les jours*. Sa réputation a été un peu surfaite selon nous. Sans lui contester son mérite principal, celui d'être une pondeuse de premier ordre, nous lui reprocherons sa petite taille. Avec les besoins sans cesse croissants de notre époque, les petites races tendent à disparaitre, et seront forcément remplacées par celles qui, réunissant la même somme de qualités, auront l'avantage de la taille. La Campine surtout perdra toute sa valeur si ses promoteurs ne parviennent pas à lui donner la grosseur qui lui manque. Il existe plusieurs variétés de Hambourg : dorés, argentés, noirs, on en voit quelquefois de blancs.

La Campine, désignée par les Anglais sous le nom de Hambourg crayonné, se divise aussi en variété dorée, et variété argentée.

Le coq, bas sur pattes, est fier et gracieux ; la queue est ornée de faucilles très développées, elle donne au corps une forme arrondie. La crête s'avance jusqu'au milieu du bec ; elle est volumineuse et plate et comme hérissée d'une foule de petites pointes ; ronde sur le devant, elle se termine en pointe allongée, sur le derrière de la tête.

L'oreillon, de grandeur moyenne, doit être d'un blanc mat, sans la moindre trace de rouge.

Le fond du plumage, blanc ou roux, suivant la variété, est parsemé régulièrement, surtout sur les ailes, de points noirs ressemblant à des pains à cacheter.

La race de Hambourg est généralement plus délicate que nos races françaises. Elle redoute l'humidité, et ne s'acclimate pas bien dans toutes les régions. Son caractère est querelleur, et elle s'habitue difficilement à l'élevage en parquet. Il lui faut l'espace et la liberté.

PADOUE

La race de Padoue, quoique tirant son nom d'une ville d'Italie, est plutôt d'origine belge ; elle est désignée sous le nom de Brabant dans la plupart des catalogues Allemands.

C'est une des plus belles races de fantaisie qui existent. Elle donne lieu à des variétés de presque toutes les couleurs : doré, chamois, herminé, blanc, coucou. Les plus renommées sont le doré et le chamois, dont les nuances sont ravissantes.

De taille moyenne, la poule de Padoue joint à l'élégance de ses formes, qui est un des principaux caractères de sa race, des qualités sérieuses. D'une rusticité peu commune, elle s'acclimate partout ; bonne pondeuse, elle couve peu ; son caractère est doux et familier. Dans la variété chamois, on rencontre de très bonnes couveuses.

L'aspect du coq est gracieux et fier ; il porte gaillardement une huppe énorme qui atteint quelquefois 20 centimètres de largeur. Sa crête est rudimentaire ; les oreillons, petits et cachés par d'épais favoris.

La poule porte une huppe qui ne le cède en rien comme grosseur à celle du coq. Cette huppe volumineuse est quelquefois un obstacle à son acclimatation dans les pays humides.

3*

La variété la plus rare et la plus jolie de l'espèce est le Padoue hollandais, noir, à huppe blanche. L'absence de gorge et de favoris lui donne un air plus dégagé et plus élégant.

LES COCHINCHINOIS ET LES BRAHMA

La poule couveuse par excellence, celle à qui nous donnerions toutes nos préférences si elle ne devait jamais paraître sur nos tables. Malheureusement sa chair manque de finesse, mais ce n'est qu'à regret que nous faisons cet aveu car nous avons un faible tout particulier pour cette magnifique race.

Il va peut-être sembler étrange que, nous, les promoteurs de l'incubation artificielle, nous dont tous les efforts tendent à substituer les machines aux moyens naturels d'élevage, nous fassions ici l'éloge de la poule Cochinchinoise ; mais nous cherchons avant tout à favoriser l'amélioration de toutes les races de volailles.

Le Cochinchinois est d'un caractère si doux ; il est si beau dans sa forme un peu lourde, avec son plumage aux tons chauds et sa prestance de colosse.

Comme pondeuse, la poule, dans certaines variétés, ne le cède en rien aux meilleures espèces et pourrait arriver en première ligne, si des éleveurs sérieux s'attachaient à développer par la sélection cette qualité, en atténuant sa propension à couver.

Grâce à son plumage épais, la poule Cochinchinoise souffre peu du froid et par les plus mauvais temps nous récoltons ses œufs quand ceux des autres races font complétement défaut.

Son tempéramment rustique la rend sobre et peu coureuse, et elle vit aussi bien en parquets qu'en liberté.

La race Cochinchinoise forme avec les Brahma-pootra deux grandes divisions, dont les caractères généraux sont tellement identiques, qu'il n'est pas possible de les classer séparément.

Les principales variétés sont les Cochinchinois fauves, roux, blancs, coucou, noirs et perdrix.

La variété fauve est celle qui atteint généralement les plus grandes proportions, mais, comme amateurs, nous donnerons sans hésiter la priorité à la variété perdrix.

Les Brahma se divisent aussi en deux variétés bien distinctes : le Brahma herminé, au corps blanc avec lancettes noires, au camail et à la queue noire, et le Brahma inverse ou foncé dont le plumage gris chez la poule, noir chez le coq, est marqué de noir ou d'argenté à l'inverse du Brahma herminé.

Cette dernière variété a toutes nos préférences comme beauté et comme production.

Le Cochinchinois a perdu depuis quelques années la vogue dont il avait été l'objet en France. Pendant un moment les amateurs se disputèrent à prix d'or les reproducteurs, mais nous croyons qu'ils n'ont pas su en tirer tout le parti désirable, et que faute de persévé-

rance et de goût, ils ont laissé tomber dans le discrédit
une race qui pourrait arriver au premier rang.

Si le Cochinchinois est un peu délaissé en France,
il n'en est pas de même en Angleterre et en Allemagne,
où l'on trouve des sujets d'une rare perfection.

LEGHORN

La poule Leghorn, ou poule de Livourne est peut-être la plus ancienne du monde ; c'est, de toutes les races, celle qui rappelle le plus le type primitif.

Le Leghorn a été, dans ces derniers temps, poussé à un haut degré de perfection par les Américains, et par les Anglais, sans perdre en rien son cachet d'origine italienne.

Il existe à Londres le « *Leghorns club* » société qui a pour but l'amélioration de la race, et arrive à présenter aux Expositions des sujets extraordinaires.

La poule Leghorn, comme rusticité et comme pondeuse, peut passer en première ligne. Elle couve d'une manière suffisante, mais comme chair elle atteint à peine le deuxième rang. Ses pattes jaunes la déprécient beaucoup sur les marchés.

Les variétés principales sont : le Leghorn brun, le doré, le blanc, le noir, le coucou.

La variété brune est la plus estimée, surtout en Amérique.

Cette race a produit une foule de dérivés dont l'Italie, l'Autriche, la Bavière, et le midi de la France sont remplis, et qui ont tous le même type.

Il est même assez curieux de constater ce fait, que sur les millions de volailles expédiées d'Italie sur tous les marchés du centre de l'Europe, presque toutes portent leur cachet d'origine, comme si la race était entretenue à l'état de pureté par des amateurs.

Le coq est remarquable par sa fierté et rappelle un peu le coq de combat. Son port est élégant et sa crête énorme. La poule porte une crête presqu'aussi volumineuse, mais retombant sur le côté et cachant complètement l'œil.

La patte est d'un beau jaune avec écaille lisse.

Il est certain que si les efforts du *Leghorns club*

arrivent à donner à sa race favorite, la taille qui lui manque et surtout un peu plus de finesse de chair et de propension à l'engraissement, sans attenuer ses qualités foncières, nous posséderons une race qui pourra être classée parmi les premières.

NANGASAKI

Charmante petite race, récemment importée du Japon. Crête droite énorme, queue droite et longue, touchant le derrière de la crête et la dépassant. Les ailes sont trainantes et cachent de petites pattes excessivement courtes. L'ensemble est gracieux et surtout original.

La poule, très familière, assez bonne pondeuse, est recherchée par les amateurs, pour couver et élever les faisans ou divers petits oiseaux.

La race principale est blanche à queue noire, avec

extrémité des ailes et lancettes noires, c'est le plumage
du Brahma clair.

Il y a cependant plusieurs autres variétés, une des
plus jolies est celle qui est régulièrement cailloutée
de noir et de blanc, comme le Houdan.

BENTAMS

Une des plus petites et des plus coquettes races de
volière. Il y en a de toutes couleurs, noirs (ou Java),
argentés, dorés, citronnés, blancs.

Le coq est fier et a un port magnifique. La poule,
très médiocre pondeuse, couve difficilement ; aussi
cette race n'est-elle recherchée que par de riches
amateurs, pour une volière, ou égayer un jardin, mais
ne peut en aucune façon être estimée au point de vue
de la production.

DE L'ENGRAISSEMENT

L'engraissement est le couronnement de l'œuvre. C'est la dernière étape de cette longue série de soins qui commence à l'incubation ; c'est après ce dernier effort que l'éleveur recevra le bénéfice de toutes ses peines. Là surtout il importe de faire vite et bien ; c'est le problème qui a été résolu d'une manière si complète par l'application de la Gaveuse mécanique de M. O. Martin, du Jardin d'Acclimatation.

N'ayant, pour notre compte, rien à ajouter à ce qui a été dit et fait par cet éminent praticien, nous laisserons parler un écrivain plus autorisé que nous, qui a si bien décrit l'engraissement et ses diverses phases, dans sa brochure intitulée : *De l'art d'engraisser les volailles.*

Voici ce que dit M. La Perre de Roo :

Il ressort de l'étude des auteurs latins que, dans notre incommensurable orgueil, nous nous attribuons une infinité de prétendues innovations qui sont aussi anciennes que le monde, tandis que nous suivons tout simplement, avec une assiduité exemplaire, l'ornière routinière de nos ancêtres antédiluviens.

En effet, les engraisseurs du Mans et de La Flèche, qui envoyent aux expositions de volailles mortes, des poulardes superbes, il est vrai, mais qui ont subi *quatre-vingt-dix jours* de tortures, ne s'attribuent-ils pas l'invention des épinettes et le procédé pour l'engraissement forcé des volailles, au moyen de pàtons, qui fut décrit, il y a plus de deux mille ans, par les agronomes latins Caton, Varron, Columelle et Paladius. Deux cents ans avant Jésus-Christ, Caton, le plus ancien des agronomes latins précités, écrivit qu'à cette époque reculée l'engraissement forcé, au moyen de pàtons (aujourd'hui pratiqué au Mans et à la Flèche) était déjà la méthode *généralement* suivie par les Grecs et les Romains ; et Varron parle de pàtons composés de farineux dont les volaillers romains remplissaient les jabots des volailles, de la manière de les introduire dans l'œsophage, de l'augmentation graduelle de la dose, de la nécessité de les plonger dans un vase plein d'eau avant de les faire avaler, afin de faciliter leur introduction, exactement comme cela se pratique aujourd'hui au Mans et à la Flèche ; et il ajoute qu'il est essentiel d'enfermer les volailles qu'on soumet à l'engraissement dans des *épinettes étroites* et dans une *obscurité constante*, exactement comme cela se fait au Mans et à la Flèche.

Or, il résulte de la comparaison entre le système antique romain et le système moderne français que la seule innovation que les engraisseurs du Mans et de la Flèche aient introduite dans l'ancien procédé romain, consiste dans l'infection des lieux où ils enferment leurs victimes, au moyen de l'odeur fétide, des miasmes malsains et du gaz acide carbonique qui se dégagent de l'amoncellement, sous les épinettes, des excréments des volailles qu'ils favorisent avec préméditation, en vue d'obtenir un engraissement plus prompt (1).

Quant aux miasmes pernicieux, aux émanations azotées qui se dégagent des fientes accumulées sous les loges où les volailles sont emprisonnées, et qui, dans l'imagination des *poulaillers*, activent leur engraissement, ce dont je me permets de douter, je suis convaincu que personne au monde ne songera à contester aux éleveurs du Mans et de la Flèche la priorité de cette triste idée ; mais j'ai aussi l'intime conviction qu'aucun médecin ne désapprouvera que je réclame, avec insistance, l'intervention des autorités compétentes en faveur des pauvres filles chargées d'empâter les volailles et condamnées à s'enfermer, durant plusieurs heures par jour, dans ces lieux insalubres, dont l'air vicié, qui y règne en permanence, doit être extrêmement nuisible à leur santé et la détériorer promptement.

Je ne saurais, du reste, admettre que des volailles soumises à ce régime anti-hygiénique et *maintenues sur leurs excréments durant vingt à vingt-cinq jours*,

---

* (1) Ils ne peuvent pas même revendiquer la priorité de l'idée de l'addition du lait à la pâtée, puisque Pline l'ancien dit que les Déliens nourrissaient de jeunes coqs de *pâte détrempée dans du lait*.

puissent former une nourriture *saine* pour l'homme, et encore moins un mets appétissant pour les gourmets.

Afin de mieux faire ressortir l'analogie frappante qui existe entre l'antique procédé romain, pour l'engraissement des volailles, et ceux pratiqués aujourd'hui en France et en Allemagne, je vais les passer tous en revue aussi succinctement que je pourrai.

CONSIDÉRATIONS GÉNÉRALES

En mangeant librement, les volailles s'engraissent médiocrement ; c'est pour cette raison qu'on les engraisse le plus souvent *forcément*, c'est-à-dire qu'on leur introduit, par la force, les aliments dans le jabot, en vue, non pas de les charger de graisse, mais de rendre leur chair plus tendre, plus savoureuse et plus délicate à l'aide d'une nourriture copieuse, féconde et salubre.

L'une des conditions essentielles de la réussite de l'opération, c'est le repos absolu de l'animal soumis à la torture de l'engraissement, afin d'obtenir, au moyen de l'immobilité et d'une nourriture abondante, la dissolution des muscles et des tissus fibreux qui composent sa chair.

Les poulets qu'on veut engraisser doivent être âgés de trois à six mois et doivent avoir été bien nourris dès leur naissance ; car, sous l'influence d'une alimentation substantielle et saine, les jeunes volailles se développent rapidement et acquièrent une chair abondante, que l'engraissement forcé n'a plus qu'à attendrir, à rendre plus fine et plus savoureuse, pour en faire, en peu de jours, des volailles grasses de premier choix.

Les poulets qui ne réunissent pas ces qualités, et *surtout ceux qui n'ont pas été bien nourris dès leur naissance*, s'engraissent laborieusement et leur chair est longue et sans saveur.

DES DIVERS MODES D'ENGRAISSER LES VOLAILLES

Engraissement naturel. — Les poulets s'engraissent naturellement en mangeant *librement*, c'est-à-dire sans intromission forcée des aliments dont on les nourrit.

Le repos étant indispensable à la réussite de l'engraissement, on enferme les volailles qu'on veut mettre en chair dans des *épinettes*, et on les prive de lumière, parce que la poule reste immobile dans l'obscurité, et, conséquemment, ne dépense pas de forces.

Épinettes. — Ces cages sont généralement à claire-voie dans tous les sens et se composent d'une série de cases ou cellules, ayant tout juste la dimension nécessaire pour y enfermer une seule volaille, sans qu'elle puisse s'y retourner.

Elles mesurent 20 à 25 centimètres de largeur, de façon que l'animal qui est condamné à y passer le peu de jours qu'il a à vivre encore, peut y changer d'appui, mais ne peut pas s'y retourner, car nous avons déjà dit que l'anéantissement de toutes ses fonctions, excepté celles de la digestion, est le meilleur moyen d'arriver à un bon résultat.

La hauteur des cellules est proportionnée à la taille de la victime ; on donne à la case tout juste assez de hauteur pour que l'oiseau qui y est enfermé puisse y changer de position, mais pas assez pour qu'il puisse s'y tenir complétement debout, afin de le forcer à rester constamment couché et de l'empêcher de faire des pertes par l'exercice.

Dans ces conditions, une hauteur de 30 centimètres et une longueur de 25 à 35 centimètres, selon la grosseur du martyr qu'on veut y emprisonner, atteignent l'idéal rêvé par les engraisseurs.

Fort heureusement les martyriseurs se contentent aujourd'hui de priver leurs victimes de lumière et de les maintenir dans l'obscurité la plus complète, *sans leur crever les yeux, comme cela se pratiquait autrefois*.

Les Allemands continuent cependant à *clouer* leurs volailles sur des planches en vue d'obtenir l'immobilité ; mais je suis heureux de constater qu'en France ce genre de torture ne se pratique plus.

La partie du plancher des cases la plus rapprochée de la façade antérieure consiste en une planchette qui sert d'appui au prisonnier, et celle qui se rapproche le plus de la façade postérieure de la cellule se compose de trois petits barreaux ronds, assez écartés pour permettre le libre passage aux fientes des volailles.

Mais le plancher le plus en usage à la Flèche, ce que les éleveurs appellent le *plancher le plus ingénieux*, se compose entièrement de barreaux *ronds*, parce que la victime *s'y tient le plus difficilement debout*, et est, conséquemment, forcée de rester toujours couchée, jusqu'à ce que le couteau de l'engraisseur vienne mettre fin à ses tortures !

La *face* supérieure de la case consiste en une simple planchette qui forme porte et glisse dans une coulisse.

La *façade antérieure* se compose de barreaux *ronds*, assez espacés pour permettre aux volailles de passer la tête par les intervalles pour boire et manger dans des augettes *mobiles* appliquées extérieurement aux cases.

La *façade postérieure* est identique à la façade de devant.

Les *deux faces latérales* sont pleines, sans aucune espèce de trous ou de barreaux.

Sous les épinettes on recouvre le sol d'une épaisse couche de sable fin, et l'on enlève soigneusement les excréments des volailles tous les matins, car les miasmes qui s'en dégagent sont très nuisibles à la santé des animaux soumis à l'engraissement *naturel*.

La saveur de la chair tient, du reste, autant à la propreté où sont entretenues les volailles qu'aux aliments dont on les nourrit. La grande propreté est donc de la plus haute importance pour assurer le succès de l'engraissement *naturel*.

Nourriture. — Pendant les quatre ou cinq premiers jours, on leur fait deux distributions par jour de maïs et de sarrazin.

Au moment du repas on leur donne de la lumière, et aussitôt les volailles se gorgent de nourriture. Quand elles sont repues, on enlève la mangeoire, et l'on plonge la chambre dans l'obscurité ; les jours suivants on remplace le maïs et le sarrazin par la farine de maïs, de sarrazin ou d'avoine, mélangées avec du petit-lait, ou lait écrémé, et on leur sert trois repas par jour à des *heures régulières*.

Pour confectionner la pâtée des volailles, on jette la farine dans une terrine ; on l'arrose d'un peu de lait et on la manipule jusqu'à ce qu'elle ait acquis une certaine consistance, sans être trop dure cependant. Si la pâtée est trop liquide, il faut y ajouter de la farine et la manipuler jusqu'à ce qu'elle soit cassante et s'émiette dans la main.

On sert à boire de l'eau fraîche aux volailles après chaque repas.

Il est préférable de confectionner la pâtée la veille et de la laisser fermenter ou s'aigrir, parce que la fermentation facilite la digestion. Pour la même raison, il est bon d'ajouter un peu de sel aux pâtées.

Les pâtées de pomme de terre ne conviennent pas

aux volailles qu'on veut pousser à l'engraissement
parce qu'elles contiennent trop d'eau (50 pour 100)
et pas assez de principes azotés.

Après dix-huit ou vingt jours de ce régime, les
volailles sont suffisamment grasses **pour être mangées.**

ENGRAISSEMENT ARTIFICIEL OU INTROMISSION FORCÉE DES ALIMENTS

Après avoir placé les volailles dans des **épinettes**
obscures et étroites en vue de paralyser le **travail des**
muscles par le repos absolu, on procède de la **manière**
suivante :

A *Strasbourg* et à *Toulouse*, le gavage se **pratique**
par l'intromission forcée du maïs au moyen d'un
entonnoir en fer-blanc, qu'on introduit de **tout le**
goulot dans l'œsophage de la volaille, et à l'aide **d'un**
petit bâton qui chasse les graines dans la **jabot de la**
victime.

A *la Flèche*, en *Bresse*, l'intromission se fait d'une
façon tout aussi cruelle :

La personne chargée de nourrir les volailles en
prend trois à la fois, les lie par les pattes au moyen
d'une ficelle, les place sur les genoux et leur fait
avaler à tour de rôle des pâtons, malgré la résistance
des pauvres bêtes.

La pâtée est confectionnée de farine de sarrazin

Fig. 1.

délayée avec du lait, ou de farines de maïs, d'orge ou d'avoine et de sarrazin mélangées ensemble et détrempées dans du lait.

On en forme des boulettes ou des pâtons de la longueur et de la grosseur du petit doigt ; on en donne à chaque repas deux au début, puis trois, puis quatre, puis cinq, et jusqu'à douze, augmentant progressivement le dosage, tant que le jabot du poulet peut en contenir et qu'il a parfaite digestion ; ce dont on peut s'assurer en tâtant le jabot qui doit être vide à l'heure de chaque repas.

Au début, les volailles digèrent difficilement ; mais elles ne tardent pas à devenir molles, paresseuses, et à s'habituer à ce nouveau régime.

On empâte les volailles de la façon suivante : la personne qui les tient sur ses genoux leur ouvre le bec ; un aide leur enfonce le pâton dans l'œsophage et le conduit ensuite jusque dans le jabot, en le pressant extérieurement de haut en bas, le long du cou.

Il est *essentiel de plonger les pâtons dans du lait* avant de les introduire dans l'œsophage des volailles, afin de les faire glisser plus facilement.

Après dix-huit à vingt jours de ce régime, les volailles sont parfaitement grasses.

Engraissement par entonnage. — A *Houdan* et en *Normandie*, la torture de l'entonnage recommence le supplice de ces pauvres animaux, avec cette simple

Fig. 2.

Fig. 3.

variante que l'on n'introduit plus dans le corps de la victime une graine quelconque, mais une pâte liquide dont on verse plein l'entonnoir, au moyen d'une cuiller.

Cette pâte est confectionnée de la même façon que la pâtée dont on fait les pâtons, excepté qu'on y ajoute une plus forte quantité de lait, et l'on procède, dans l'administration de la pâtée, de la même manière que dans l'alimentation avec des pâtons, c'est-à-dire qu'on augmente progressivement la dose, tant que le jabot peut contenir de pâte et que la digestion se fait régulièrement. On doit avoir soin de ne pas ajouter plus de lait que de farine, car on rendrait le sujet malade et l'on atteindrait le but contraire à celui qu'on se propose.

On ne donne pas à boire aux volailles soumises à l'engraissement par entonnage.

Il existe une autre méthode de gaver les volailles très en usage à Paris chez les marchands. C'est d'ingurgiter la pâte liquide à l'aide de *saucissoires* semblables à ceux dont se servent les charcutiers pour remplir les boyaux de mouton de viande finement hachée. — Le tuyau du saucissoire, qui fonctionne comme une seringue, est introduit dans le bec de la volaille, et l'on pousse dans son jabot la quantité de pâte voulue.

Ce mode est peut-être le moins cruel et le plus expéditif de tous les systèmes de gavage à la main.

Gavage à la bouche. — Aux *Halles de Paris* la

Fig. 4.

méthode en usage est plus primitive encore et le gavage se fait à la bouche, c'est-à-dire qu'un individu quelconque, sain ou maladif, aspire dans un baquet la matière toute préparée et donne lui-même, pour ainsi dire, la becquée aux volailles qu'il veut engraisser (fig. 4).

Ce système peu appétissant est celui qui semble être le mieux apprécié aux Halles, comme étant celui qui exige le moins de soins et de temps.

Une dernière cruauté à dénoncer : à *la Flèche* comme à *Houdan* les engraisseurs calfeutrent les portes et les fenêtres du local où sont enfermées les volailles qu'on veut pousser à l'engraissement, afin d'empêcher le renouvellement de l'air, et ils laissent les excréments des victimes s'accumuler en couches épaisses sous les épinettes, parce qu'ils prétendent que les miasmes *azotés* qui en émanent activent l'engraissement !

Je répète que les gaz acides carboniques qui se dégagent des déjections des volailles sont extrèmement nuisibles à la santé des personnes chargées de les nourrir, et que la chair des victimes, engraissées dans ces conditions, ne peut pas former un aliment sain pour l'homme.

ENGRAISSEMENT MÉCANIQUE DES VOLAILLES

Tous ces moyens barbares et cruels, qui le plus souvent n'atteignent qu'incomplétement le résultat que l'on se propose, seront, j'espère, prochainement abandonnés, pour être remplacés par l'engraissement mécanique, inventé par M. O. Martin.

Après de longues études, M. Martin est parvenu à inventer un appareil aussi simple qu'ingénieux qui remplace toutes les anciennes mues ou épinettes, réduit considérablement les frais de main-d'œuvre, obtient dans le plus court délai possible les résultats les plus satisfaisants, et évite toutes les tortures infligées aux volailles par les engraisseurs de la Flèche, de Houdan, de Toulouse et de Strasbourg.

En 1870, M. A. Geoffroy Saint-Hilaire, directeur du Jardin d'acclimatation, toujours disposé à vulgariser les inventions utiles, concéda à M. Martin, dans un but d'intérêt général, un vaste emplacement pour la création d'un établissement modèle d'engraissement mécanique des volailles.

La Ville de Paris approuva cette concession dans les termes suivants :

« D'après les témoignages favorables donnés sur le
« système dont il s'agit, et en raison de l'intérêt qu'il
« présente pour l'alimentation publique, je vous
« accorde l'autorisation d'occuper, aux conditions
« énoncées, l'emplacement destiné à vos expériences. »

Dès le commencement de 1872, M. Martin créa au Jardin d'acclimatation, à ses frais, risques et périls, un vaste établissement modèle qui fait aujourd'hui l'admiration de tous les visiteurs, tant français qu'étrangers, et la *Gazette van Thiell* dit que, de **toutes** les merveilles de Paris, c'est l'engraissement mécanique des volailles, au Jardin d'acclimatation, qui étonna le plus le sultan de Zanzibar, lors de sa dernière visite.

L'établissement de M. Martin, l'intelligent concessionnaire du Jardin d'acclimatation, se divise en deux compartiments égaux, séparés par une vaste galerie vitrée réservée aux visiteurs.

Chaque compartiment est occupé par trois épinettes tournantes à cinq étages, pouvant contenir chacune 210 canards ou poulets, suivant la saison, ou en tout 1260 oiseaux.

La gaveuse de cet ingénieux inventeur est d'une construction fort simple ; avec cet appareil tout se fait lestement, proprement et surtout économiquement. Un seul homme fait tout le travail qu'exige un des compartiments, et nourrit au moyen de la gaveuse les 630 sujets contenus dans les trois épinettes tournantes.

On fait manger les poulets trois fois par jour et les canards quatre fois. Une heure suffit pour administrer le repas à 400 ou 500 volailles.

Le nourrisseur se place dans l'ascenseur où est la gaveuse. Il saisit de la main gauche la tête de la volaille placée devant lui, presse un peu le bec de manière à l'ouvrir, et, de la main droite, il introduit lestement dans le gosier la lance qui est au bout du tuyau de caoutchouc, lequel communique avec le réservoir de la gaveuse où est placée la pâtée. D'une pression du pied, sur la pédale, l'opérateur envoie la ration voulue dans l'estomac de l'animal ; il est guidé

par l'aiguille du cadran qui lui indique exactement en centilitres la ration, qui varie suivant l'âge, l'espèce et le degré d'engraissement. La plaque rouge placée devant chaque volaille indique le nombre de centilitres à donner.

L'opérateur ne change pas de place tant que toutes les volailles d'un même étage, au nombre de 42, n'ont pas reçu leur ration. D'un petit mouvement, il fait tourner l'épinette et chaque oiseau arrive ainsi à son tour.

Le premier étage terminé, le nourrisseur s'élève, au moyen de son ascenseur, au deuxième étage, puis au troisième, ainsi de suite jusqu'au haut de l'épinette.

Lorsqu'il a fini, il descend, pousse successivement son ascenseur qui roule sur chemin de fer devant chaque épinette, où il recommence la même opération. Cette manière d'opérer s'accomplit avec une grande rapidité et sans souffrance pour les volailles, qui semblent s'en trouver fort bien ; car aussitôt qu'elles ont la liberté de leurs mouvements, elles ramassent avec avidité les quelques gouttes de pâtée qui tombent par hasard sur leur tablette.

Ce régime est très salubre. On voit revenir à la santé, en deux ou trois jours, les volailles qui arrivent fatiguées par le voyage.

Les pertes sont presques nulles : 1 ou 2 pour 100.

On peut engraisser toutes les espèces de volailles : poulets, canards, dindes, oies, pigeons, pintades, etc.

On engraisse principalement les canards et les oies

pour la broche ; mais on peut également développer les foies, qui acquièrent sinon un gros volume, du moins une qualité exquise.

La durée de l'engraissement est de dix-huit à vingt jours pour les poulets et de quatorze à quinze jours pour les canards.

La pâtée est liquide ; elle est faite avec de la farine d'orge et de maïs mélangée et délayée avec de l'eau et du lait.

Les poulets ne boivent pas, mais les canards se désaltèrent en passant devant des réservoirs d'eau placés à leur portée.

On n'engraisse que de jeunes volailles de trois à six mois.

Les volailles sont attachées par les pattes, au moyen de petites entraves en peau retenues par des chaînettes de chaque côté de leur compartiment.

Elles sont tenues avec une grande propreté.

Leurs excréments glissent sur un petit couloir incliné et sont réunis au centre de l'épinette ; tous les matins on les balaye vers un orifice central, puis on fait un lavage complet.

A la fin de chaque engraissement, qui se fait par série de 100 à 200 pièces, on tue les volailles, lesquelles sont aussitôt plumées, lavées, vidées, enveloppées, bien serrées dans un linge mouillé pour les faire refroidir, et en même temps placées sur une étagère pour que le sang s'écoule bien.

DES PETITS APPAREILS POUR LES MAISONS PARTICULIÈRES

En installant ses grands appareils au Jardin d'acclimatation, M. Martin n'avait songé qu'à l'industrie ; mais les nombreuses personnes qui ont visité avec tant d'intérêt son établissement réclamaient de lui de petits appareils pour leur maison de campagne.

Alors l'inventeur a commencé ses recherches pour satisfaire le vœu du public, et aujourd'hui il peut offrir des appareils perfectionnés pouvant engraisser 12, 30 et 60 volailles à des prix modérés.

Ces appareils sont destinés à remplacer, dans un temps plus éloigné, les anciennes mues ou épinettes employées depuis longtemps avec un succès douteux. Aujourd'hui, en effet, il est bien reconnu que les volailles s'engraissent mal en mangeant seules.

Les appareils de M. Martin seront donc une grande ressource pour les consommateurs, qui pourront désormais faire engraisser des poulets, des dindes et des canards dignes de figurer sur la table des plus fins gourmets.

Les personnes qui habitent la campagne et qui connaissent l'inconvénient de faire venir leurs volailles de Paris pendant les grandes chaleurs comprendront facilement toute l'utilité de ce système et voudront certainement en faire usage. Déjà beaucoup d'entre elles, appartenant au grand monde, frappées des avantages de cette méthode, se sont fait expédier des appareils du nouveau modèle.

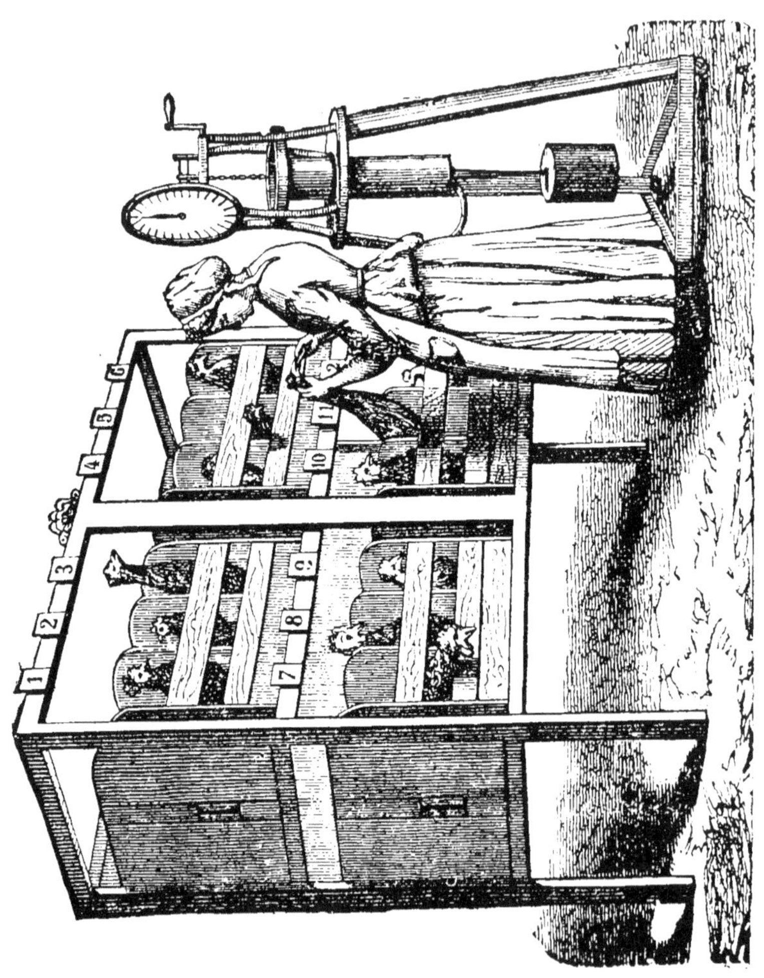

Avec les instructions, ce procédé est si simple et s

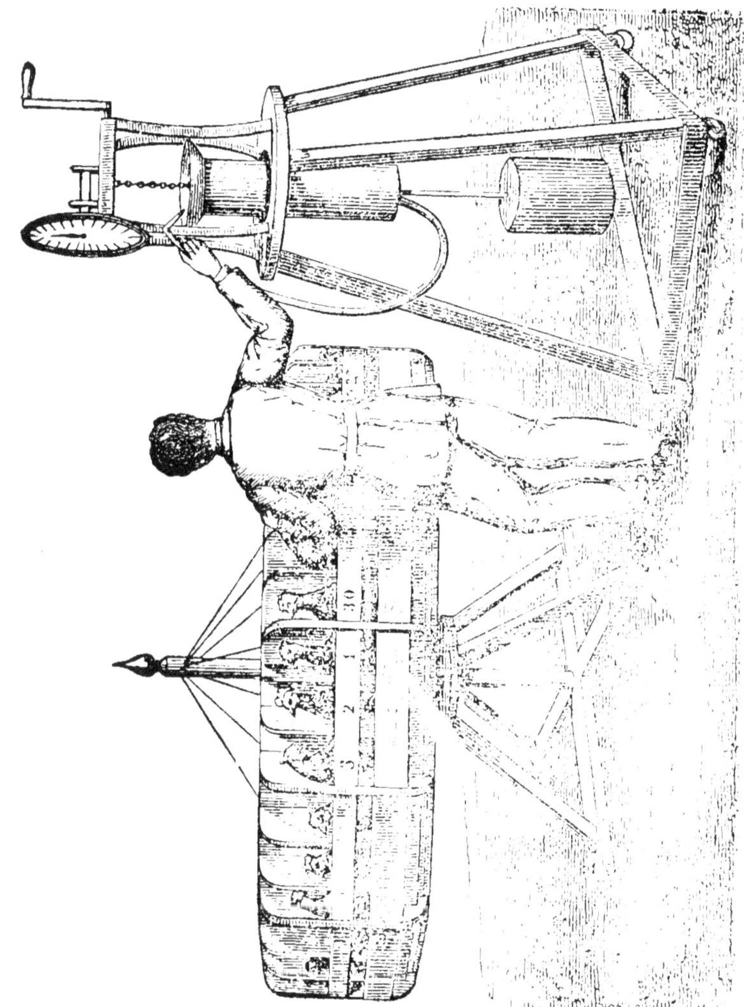

expéditif, que son application sera pour la fille de
basse-cour ou par le jardinier un amusement plutôt
qu'un travail. On comprendra cela plus facilement quand

on saura que le temps employé pour administrer le repas d'une volaille ne dépasse pas dix secondes.

Avec ces gaveuses, tout se fait proprement, lestement et surtout économiquement, puisque 2 kilogrammes de farine d'orge et deux litres de lait suffisent pour engraisser un poulet en vingt jours ou un canard en quinze jours.

Aussi ces appareils, petits meubles élégants et commodes, constituent-ils non-seulement une économie pour les acheteurs, mais encore une nouvelle source d'agrément dans une maison de campagne, surtout quand elle est située au fond des bois ou dans des régions montagneuses et d'accès difficile, où les objets de distraction sont si peu variés.

Nous ne saurions mieux faire que de citer en terminant le rapport à la suite duquel la Société protectrice des animaux s'est prononcée en faveur du système Martin.

EXTRAIT DU RAPPORT DE LA SOCIÉTÉ PROTECTRICE DES ANIMAUX DE PARIS.

« De la comparaison des procédés anciens avec
« l'engraissement mécanique de la gaveuse de M. Odile
« Martin, il résulte, en faveur de ce dernier système,
« les avantages suivants :

« La volaille n'est pas tenue dans l'obscurité.

« Les légères entraves qui maintiennent les poulets
« dans les cases de l'épinette, en leur laissant une
« certaine liberté de mouvements, sont moins pénibles
« pour eux que leur entassement dans des cages ou
« caisses à claire-voie.

« Le local où se trouvent les épinettes est sain,
« constamment aéré et nettoyé ; il n'y a pas de fumier,
« ni d'émanations azotées.

« La volaille y est peu ou point tourmentée par la
« vermine. On détruit complétement au moyen de la
« vapeur, après chaque engraissement, les mites et
« leurs œufs qui peuvent se trouver dans les jointures
« des planchettes dont le fond et les séparations des
« cases sont formés.

« La durée de l'engraissement est beaucoup réduite.

« La durée de l'empâtement est plus réduite encore,
« puisque pour cent volailles le travail n'y dure qu'une
« demi-heure à chaque repas, tandis qu'il dure huit
« heures quand on procède par l'introduction des
« pâtons.

« La ration quotidienne est plus facilement graduée.
« On ne donne à chaque poulet que la nourriture qu'il
« peut digérer.

« Enfin l'engraissement n'est pas poussé à ses der-
« nières limites. On ne cherche pas à obtenir, comme
« dans l'arrondissement de la Flèche, des phéno-
« mènes de poids.

« Par ces considérations et par cette autre que la

4*

« destination dernière de nos oiseaux de basse-cour
« est de servir à notre alimentation, et que, en fait,
« leur chair est beaucoup recherchée lorsqu'ils ont été
« soumis à l'engraissement.

« La Commission, tout en reconnaissant que la
« Société protectrice doit rester opposée en principe
« à tout engraissement artificiel des volailles, est
« d'avis que l'engraissement mécanique au moyen de
« la graveuse de M. Odile Martin, comparée aux pro-
« cédés usités partout ailleurs, constitue un immense
« progrès.

« Le rapporteur de la Commission,

« Bourguin. »

De semblables témoignages peuvent se passer de
commentaires, et il ne nous reste plus qu'à émettre le
vœu que le système ingénieux de M. Martin soit promptement substitué aux procédés barbares et antédiluviens usités au Mans, à la Flèche et dans d'autres
localités de la France.

MALADIES PARTICULIÈRES A LA VOLAILLE

C'est en vain que l'on cherche dans les auteurs anciens des traces de la thérapeutique des animaux de basse-cour ; si la science vétérinaire fait chaque jour de nouveaux progrès, si des hommes de savoir, voués à cette carrière, ont laissé des traces de leur expérience sur le traitement des maladies des grands animaux, bien peu ont abordé l'étude, trop modeste sans doute, des soins à donner aux animaux de basse-cour. L'auteur de ce petit traité ne prétend pas suppléer à cette lacune, il se bornera simplement à donner quelques avis.

La plupart des maladies qui ravagent nos basse-cours ne sont pas épidémiques, comme on le croit généralement; presque toutes proviennent d'un manque de soins, d'une nourriture non appropriée aux besoins de l'animal, et, surtout, d'un air vicié par les grandes agglomérations. Toutes les volailles d'une même basse-cour étant soumises au même régime, il n'est pas étonnant qu'elles se trouvent toutes affectées en même temps, et éprouvent les mêmes symptômes morbides. Répétons-le, le mal provient presque toujours des agglomérations. On en trouve la preuve dans la rareté des affections qui surviennent aux poules vivant en liberté dans de grands enclos. Il faut donc essayer de prévenir le mal, qui sévit avec plus d'intensité chez les éleveurs et les amateurs, forcés de réunir de grandes quantités de volailles dans des espaces souvent restreints. Là, on hésite à appliquer le remède radical employé le plus souvent et conseillé par la plupart des gens spéciaux : celui de tuer le malade pour ne pas avoir à lui donner des soins inutiles ; l'hésitation s'explique dans ce cas, car on a souvent à traiter des animaux d'un prix fort élevé, et qu'il est même parfois impossible de remplacer.

On combat les dangers des grandes agglomérations par une excessive propreté, par l'enlèvement fréquent des déjections dans les poulaillers ; par un chaulage répété de tous les objets qui s'y trouvent renfermés, juchoirs, pondoirs, etc. ou par un lavage et de fréquentes aspersions à l'eau phéniquée. Cette opération assainit l'air, détruit les mites et autres parasites qui s'opposent au développement des animaux, à leur engraissement, et les prédisposent à toutes sortes d'affections.

Le sol des poulaillers et des parquets doit être couvert de sable, sur lequel on jette de la paille sèche, dans les temps froids et humides. Le sable aide à la digestion de la plupart des gallinacées. Il faut le remplacer souvent, surtout s'il recouvre un sol boueux et non perméable, où il ne peut être lavé par la plus petite pluie, comme cela arrive sur les terrains sablonneux. On comprend aisément son effet pernicieux.

lorsqu'il se trouve absorbé avec un mélange de déjections et de matières en décomposition.

Disposez sous un abri des cendres de lessive ou autres préalablement desséchées ; les poules vont s'y époudrer et se débarrasser des insectes qui les tourmentent et les affaiblissent ; elles y lustrent leurs plumes ; c'est leur savon de toilette, qui, comme le nôtre, a également la potasse pour base. Ce dépôt, bien entendu, doit être renouvelé, sous peine de devenir promptement un amas d'ordures.

Nous recommandons l'établissement d'un abri contre les coups de soleil et les pluies prolongées ; les insolations sont presque toujours mortelles pour les jeunes élèves. Il faut encore les abriter du froid, en hiver, et surtout de l'humidité. Le froid nuit à la ponte et à la fécondation des œufs ; les coqs y sont encore plus sensibles que les poules : ils sont plus sujets aux engelures, grosseurs aux doigts des pattes, qui se passent rarement, et les font rejeter comme impropres à la reproduction. Les grandes crêtes sont également sujettes à geler. Ces accidents sont à craindre à une température inférieure à 6 degrés centigrades au-dessous de zéro.

Il faut en un mot placer les animaux dans les conditions les plus favorables, et remplacer, autant que possible, ce qu'on ne peut leur donner, et qui constituerait le remède à la plupart des maladies : la liberté. Nous ne nous occuperons pas des quelques accidents qui peuvent survenir aux volailles, qui s'élèvent presque seules dans les fermes entourées de prairies ou dans le voisinage des bois, dont l'ombre est si précieuse pour les jeunes élèves. Nous parlerons seulement des maladies qui les attaquent dans nos basses-cours.

LA DIARRHÉE

Cette maladie compte au nombre de celles qui font le plus de ravages dans le premier âge des jeunes élèves ; elle est trop souvent mortelle.

Si par des soins bien entendus, que nous décrirons plus loin, on arrive à guérir les volailles adultes, des centaines de petits poulets et de faisandeaux sont enlevés, quoi qu'on fasse.

Beaucoup de recettes ont été indiquées, mais aucune n'est réellement efficace : tout poussin atteint fortement est perdu. On prolongera bien son existence de quelques jours, mais quatre-vingt-dix fois sur cent aucun remède ne réussit. Le malade traine les ailes, la plume devient terne et humide, l'anus et les plumes qui l'entourent s'enduisent d'une sécrétion blanchâtre répandant une odeur fétide ; il piauie sans cesse, et finit par succomber.

Si le remède fait encore défaut, il reste du moins les moyens préventifs.

La diarrhée chez le petit poulet est toujours la suite d'une indigestion ; si elle n'atteint pas les sujets élevés en liberté, c'est que les conditions d'hygiène ne sont pas les mêmes ; si une poule mène quelques poulets dans un grand enclos, livrés à leurs propres soins, et obligés de chercher leur nourriture, il est clair que, dans le premier âge, leur manque de force les oblige à ne parcourir qu'un espace relativement restreint ; ils ne peuvent absorber la nourriture qu'en très-petite quantité, peu et souvent. Dans ces conditions ils n'auront jamais d'indigestion, et par suite pas de diarrhée.

Le contraire a lieu si les poulets sont parqués en grand nombre dans un espace restreint, et si l'on laisse à leur discrétion une nourriture dont ils sont friands.

Les organes de la digestion sont si faibles au début de leur fonctionnement, qu'ils s'enflamment facilement. Il est à remarquer que cette inflammation parait produire au poussin une sensation particulière, qui lui fait rechercher avec avidité la nourriture, alors qu'il devrait s'en abstenir.

On prévient l'indigestion en ne donnant aux jeunes poulets qu'une nourriture rationnée. Deux repas suffisent pendant les trois premiers jours. Il ne faut donner à manger que peu et souvent, pendant les huit ou dix premiers jours. On doit également mettre du sable à leur disposition.

Pour reconnaitre s'il y a indigestion, il faut chaque matin prendre quelques poulets de la couvée, avant leur repas, et voir s'ils n'ont pas dans la gave aucun reste de nourriture de la veille. Dans l'affirmative, tenir les poulets très-chaudement, leur donner du sable, et un seul repas très-léger de mie de pain rassis bien fine, trempée dans du vin ou du cidre. Ils boiront du lait chaud coupé d'un peu d'eau. Si le lendemain la gave est tout à fait vidée, les rendre au régime ordinaire en le variant autant que possible. Dans le cas contraire, continuer le traitement jusqu'à complète évacuation.

Les volailles adultes sont aussi sujettes à la diarrhée, la poule surtout. Elle s'isole alors, marche tout d'une pièce, la crête est violacée ; elle maigrit chaque jour, et, comme chez le petit poulet, l'anus et les plumes qui l'entourent s'enduisent d'une sécrétion blanchâtre. La gave est ordinairement toujours pleine, ce qui donne souvent lieu à des erreurs de diagnostic. Beaucoup de personnes qui n'ont pas su reconnaître les symptômes du mal, trouvent la volaille morte ; à la vue de sa gave pleine, elles supposent à tort un accident.

Le traitement de cette affection est quelquefois long et demande beaucoup de soins ; aussi le sacrifice de l'animal, s'il n'est pas de haute valeur, est-il encore commandé.

Si la diarrhée est à ses débuts, et que la gave soit vide, tenir le malade chaudement et lui faire absorber en deux fois, dans la journée, deux ou trois petites boulettes de beurre auxquelles on aura mêlé une pincée de sel gris de cuisine et de quinquina gris en poudre ; donner pour boisson du lait coupé chaud. Si le mal persiste, si la gave n'est pas entièrement vidée, il importe d'en provoquer l'évacuation, puisque l'obstruction de l'appareil digestif non-seulement s'oppose à l'ingestion de tout aliment curatif et réparateur, mais augmente encore l'intensité de l'affection par la fermentation des matières qui s'y trouvent renfermées.

Voici comment il convient de procéder :

Après avoir arraché les plumes de la gave, on y pratique, avec un instrument très-tranchant, une ouverture longitudinale assez grande pour pouvoir extraire toute la nourriture. La plaie est lavée avec de l'eau tiède, puis graissée. La peau extérieure est recousue à larges points avec du fil graissé, en évitant de prendre la deuxième peau, c'est-à-dire l'enveloppe même de l'organe.

La plaie se ferme promptement. La bête malade est tenue chaudement, on lui entonne pendant quelques jours de petites boulettes de beurre légèrement salé. Cette opération bien faite, et elle est simple, la guérison arrive en une quinzaine de jours.

Le chapitre précédent est celui que nous écrivions il y a deux ans.

Nous devons avouer qu'à cette époque nos études sur la question étaient insuffisantes, et nous pouvons aujourd'hui ajouter quelques documents nouveaux.

Pour la diarrhée causée par indigestion, régime trop uniforme, ou mauvaise qualité de la nourriture, le traitement est toujours le même.

Nous nous occuperons spécialement de la maladie qui nous semblait incurable. Elle l'est en effet quand elle arrive à une certaine période de développement, mais ses causes étant mieux connues, c'est un grand pas pour arriver à la guérison.

La diarrhée peut quelquefois être la conséquence d'une maladie de poitrine. Toute affection des poumons, chez les oiseaux, se traduit par la diarrhée. Dans ce cas, la maladie est causée par des transitions de chaud et de froid, et surtout par l'humidité. Les races dont l'acclimatation est imparfaite sont le plus souvent atteintes.

Au premier indice du mal, il faut isoler l'animal, le tenir dans un endroit chaud et sec, et lui donner une nourriture stimulante et réconfortante : des œufs durs, du chenevis pilé, du pain trempé dans du vin chaud, et administrer matin et soir, dans la pâtée ou dans quelques boulettes de pain, deux prises de poudre

composée de fer et de quinquina gris, dans la proportion suivante :

Safran de mars apéritif........ 20 gr.
Quinquina gris............... 120

Si, après quelques jours de traitement, le mieux ne
se fait pas sentir, et si le sujet continue à maigrir, il
est irrévocablement perdu.

Cette forme spéciale de la diarrhée a une grande
analogie avec la diphtérie, dont nous allons parler, et
souvent n'est qu'un dérivé de cette dernière.

Il est toujours bon de nettoyer soigneusement et de
désinfecter à l'acide phénique le parquet habité par
un animal atteint de cette maladie, car elle peut se
communiquer par l'absorption des déjections.

DIPHTÉRIE (MAL DE GORGE)

Dans notre première édition, nous n'avions traité cette maladie que sous sa forme la plus bénigne, le râle ou mal de gorge, et nous indiquions un traitement qui nous avait souvent réussi : le sulfate de fer dans l'eau, des rafraîchissants et une légère purgation.

Nous avons cependant remarqué qu'il était impuissant dans certaines basses-cours, mais nous supposions d'autres causes à la mortalité.

L'année excessivement humide de 1879 nous a montré la maladie dans toute son étendue, et il a fallu l'étudier sous toutes ses formes pour trouver des remèdes en rapport avec son intensité. Nous étions positivement en présence de la diphtérie, maladie terrible si on en juge par les ravages qu'elle cause dans l'espèce humaine.

La diphtérie est d'autant plus redoutable que ses formes sont multiples et le diagnostic en est d'autant plus difficile.

Les fluxions, les maux d'yeux et de gorge, la toux, l'amaigrissement, sont les formes sous lesquelles elle se présente le plus souvent. Le bec et le gosier d'un poulet malade sont tapissés de petites plaques blanchâtres ; en ouvrant l'animal mort on trouve le foie et les poumons tapissés de ces mêmes petites plaques.

La diphtérie n'est pas une maladie locale ; elle envahit toute l'économie. Parfois elle reste longtemps à l'état latent et ne se manifeste que plus tard, sous une des formes que nous venons d'indiquer.

Inconnue dans son essence, cette maladie est aussi difficile à définir que les divers poisons miasmatiques qui engendrent le choléra et les fièvres paludéennes.

Elle sévit avec plus d'intensité par les temps mous et pluvieux, et sur les animaux enfermés dans des parquets humides.

Les symptômes précurseurs de la diphtérie sont assez difficiles à distinguer des affections ordinaires, cependant ils ont généralement un caractère plus intense. Quand la maladie débute par les yeux (c'est la forme la plus douce), la vue est complètement perdue en fort peu de temps, toute la tête est enflée et si le remède n'arrive immédiatement, le mal gagne le larynx et la mort arrive bientôt.

Si le bec et le gosier sont attaqués avant les yeux, le malade commence par éternuer fréquemment ; son bec se remplit d'une salive épaisse et il bâille en émettant parfois un petit cri guttural, indiquant la difficulté de sa respiration. Les yeux s'engagent presque toujours le lendemain, et la langue se dessèche.

La forme la plus dangereuse de la dipthérie est celle qui ne présente pas de graves symptômes extérieurs. Dans ce cas, ce sont les poumons ou le foie qui sont attaqués.

L'animal est boudeur, marche tout d'une pièce ; la crête et le tour des yeux deviennent pâles ; il continue malgré cela à manger, mais il maigrit chaque jour de plus en plus et finit par mourir dans un état complet d'anémie.

Dès qu'un oiseau paraît atteint, le premier soin doit être de l'isoler pour éviter la contagion ou plutôt de le sacrifier de suite s'il n'est pas de grande valeur ; puis employer les mesures préventives pour garantir le parquet qu'il habitait. Nettoyer avec soin et aérer, asperger le sol et les murs à l'eau phéniquée, laver avec la même eau les augettes à pâtée, les trémies à grain, les pots à boire et les perchoirs, couvrir aussi le sol de paille ou de planches, ou prendre tout autre précaution pour que les volailles soient complétement au sec. Enfin, mélanger pendant quelques jours à la pâtée ou à du pain trempé, une pincée, par bête, de poudre ainsi composée :

Salicylate de soude................	20 gr.
Cubèbe pulvérisé	50 —
Gingembre pulvérisé..............	40 —
Quinquina gris pulvérisé..........	100 —

Quant à l'animal atteint, il faut d'abord le mettre au sec, et comme premier soin le gargariser avec une plume trempée dans du miel rosat ; puis si les yeux sont attaqués les lotionner avec de l'eau de fleur de sureau. Il sera bon ensuite de lui faire avaler une boulette grosse comme un pois de la poudre ci-dessus, pétrie avec un peu d'eau. Si la maladie n'est pas trop avancée, ces quelques soins devront en peu de temps procurer assez de soulagement à l'oiseau pour qu'il puisse manger. On lui donnera alors une nourriture tonique et très résistante avec une pincée de poudre, et on mêlera à son eau un peu de sulfate de fer.

Ce traitement appliqué en temps utile et suivi régulièrement pendant quelques jours, nous a très souvent réussi.

LA GOUTTE

Plusieurs auteurs ont attribué la goutte à l'humidité. Cela est vrai jusqu'à un certain point pour les volailles adultes placées dans des parquets humides et sans soleil ; l'humidité cependant n'est pas l'unique cause du mal ; car il serait facile d'y remédier, en plaçant les animaux dans de meilleures conditions d'hygiène. Mais, quel est l'éleveur qui n'a pas vu de jeunes poulets placés dans les conditions les plus favorables, élevés dans les beaux jours de mai ou de juin, ne pouvoir plus se poser sur leurs pattes, se tordre et devenir contrefaits en quelques jours, sans qu'il soit possible d'y apporter remède.

On a conseillé les frictions avec de l'eau-de-vie camphrée, le vin chaud, etc. Vains efforts ; il vous faudra sans hésiter sacrifier tout sujet atteint de la goutte, quel que soit son prix : arrivât-on à le guérir, ce qui paraît très-problématique, la goutte se rejetterait sur d'autres parties du corps. En quelques jours la frêle ossature du poulet, en cours de développement, se tordrait sous l'effort du mal, et le sujet deviendrait bossu ou contrefait Si la goutte n'attaque pas la charpente osseuse, elle peut bien, sous une apparence de guérison, laisser aux membres leur jeu habituel, mais elle produit alors aux pattes de légères tuméfactions simulant une espèce d'abcès qui, vu la dureté de la peau

des pattes ou des doigts, ne crève jamais ; cette indu-
ration fait sans cesse souffrir l'animal. Le coq ainsi
atteint est le plus souvent impropre à la reproduction,
et nous conseillerons d'autant plus de l'éliminer, que
l'affection reparaîtrait sans aucun doute chez ses descendants. Que d'amateurs ont, sans s'en douter,
contribué à la propagation de cette maladie héréditaire,
en livrant à la reproduction des sujets sur lesquels ils
n'avaient pas su reconnaître les atteintes de la goutte,
ou qui les en croyaient radicalement guéris !

Nous résumerons, comme suit, les moyens que nous
croyons propres à combattre ce mal dans nos basses-
cours : Livrer à l'élevage des sujets qui ne sont pas
tout à fait réfractaires. Les sujets qui en ont été
atteints de la goutte. Tenir les poulets dans un endroit
sain, et éviter les excès et les écarts brusques de température. Un coup de soleil fera développer aussi bien la
goutte chez les jeunes poulets, qui y sont prédisposés,
que quelques heures de pluie.

Les fortifier par une bonne alimentation ; éviter qu'ils
ne soient trop fatigués par la mère qui les ferait trop
courir.

Et, si malgré ces soins on aperçoit quelques symptômes précurseurs du mal, purger légèrement avec de
la poudre de Jalap ; environ une cuillerée à café dans
un peu de pâtée de farine d'orge pour les sujets parve-
nus à moitié de leur grosseur, et une cuillerée à bouche
pour une dizaine, s'ils sont petits. On peut, au besoin,
répéter cette purgation plusieurs jours de suite.

GALE ou BLANC

Cette affection attaque de préférence les volailles placées dans des endroits trop secs. On la voit se reproduire chez les descendants par transmission, et tout animal de choix doit en être exempt. Elle se manifeste d'abord aux pattes et à la crête, sous forme de plaques farineuses entre les écailles des pattes et les plis de la crête. L'envahissement devient complet, si un prompt remède n'est apporté. Il faut frotter les parties atteintes avec une brosse dure, trempée dans l'eau tiède, jusqu'à ce que le blanc ait disparu, puis on frictionnera pendant plusieurs jours de suite les parties atteintes avec une pommade composée de saindoux, de camphre et principalement de fleur de soufre.

LA PÉPIE

La pépie n'est pas une maladie ; on a généralement pris l'effet pour la cause. Dans presque toutes les affections que nous avons déjà décrites la partie cornée de la langue des gallinacées se racornit, et le dedans du bec s'emplit de matières glaireuses. C'est là un des signes précurseurs de la Dipthérie. Cette affection peut être également causée par de petits aphtes se trouvant aux côtés de la langue et dans le gosier. Gardez-vous bien, dans ce cas, d'arracher la partie cornée de la langue comme le font quelques fermières, c'est tout simplement estropier l'animal, sans hâter en aucune façon sa guérison. Si le mal est la conséquence d'une maladie comme nous le supposons, la langue reprendra sa souplesse première aussitôt la guérison ; s'il est causé par les aphtes, lavez le dedans du bec avec de l'eau fraîche à laquelle on ajoutera quelques gouttes de phénol. Purgez légèrement avec de l'huile de ricin ou du Jalap ; donnez une nourriture rafraîchissante.

PICAGE

Le Picage résulte de l'agglomération et du manque de liberté ; il se déclare plus fréquemment à l'automne, après la mue. Les poules renfermées dans les parquets étroits se rassemblent surtout par les temps humides, se becquètent l'une l'autre, pour se débarrasser des mites ; elles prennent le tuyau de la plume qui repousse pour un insecte, et le picotent ; puis, alléchées par la petite goutte de sang venue au bout de la plume, elles finissent par se plumer entièrement, et même par se tuer.

Pour y remédier, isolez les volailles déjà piquées, la vue du sang excite toujours la voracité des autres ; donnez à toutes le plus de liberté possible, évitez l'humidité, et suspendez des choux ou des salades dans les parquets, en ayant soin de les placer assez haut, et de façon à ce qu'ils se balancent constamment dès qu'une poule vient y toucher.

Il est également bon de frotter les parties piquées avec de l'aloès.

DIVERS USTENSILES DE BASSE-COUR

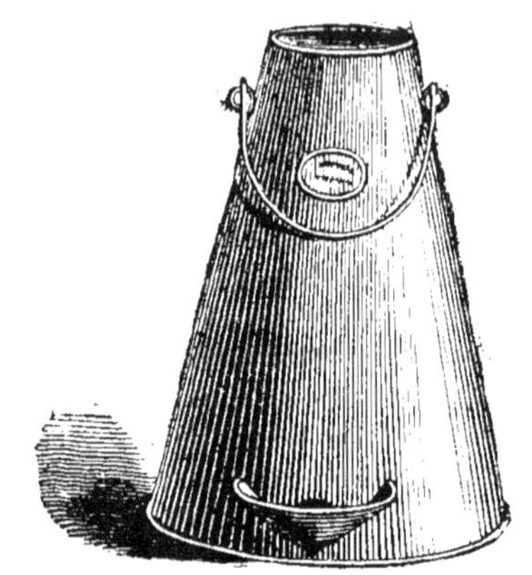

Abreuvoir pour volailles, contenant 10 litres.

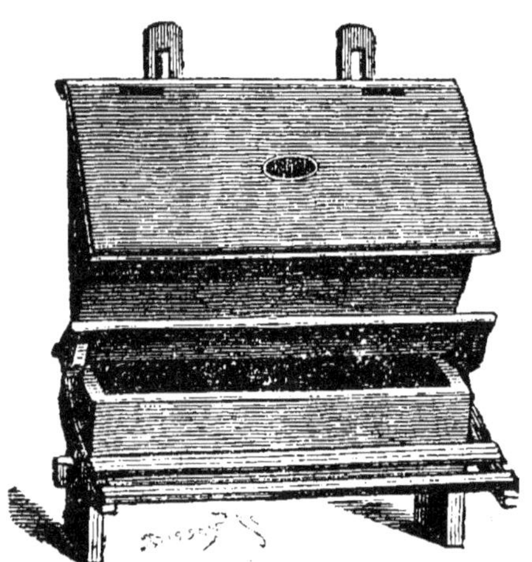

Trémie autoclave à réservoir pour pigeons.

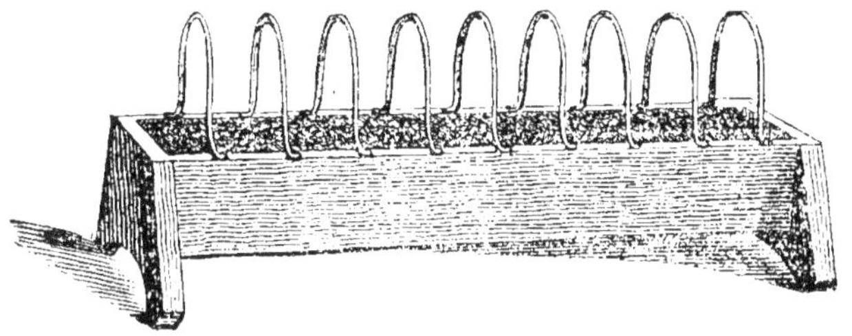

Trémie à arceaux pour volailles, évitant toute perte de nourriture.

Broc spécial pour le transport de l'eau bouillante.

INSTRUCTION

LA CONDUITE DES APPAREILS

Installation. — La couveuse se place dans un endroit sain, à l'abri, le plus possible, des variations atmosphériques, du bruit et des trépidations. Elle doit être posée de façon que l'air puisse circuler librement dessous.

Usage des Tuyaux. — Il y a sur le devant de la couveuse trois tuyaux extérieurs. Le premier, en haut, sert à introduire l'eau dans le réservoir ; il doit être fermé par un bouchon de liége. Le second, à côté du premier, indique le trop-plein et sert à l'échappement de la vapeur ; étant de petite dimension, il peut sans inconvénient rester débouché. Le troisième, en bas, est fermé par un robinet et sert à extraire l'eau du réservoir.

La bouche d'air placée sur le dessus, à côté des châssis vitrés, ne se ferme pas.

Dans l'intérieur se trouvent trois autres tuyaux qui doivent rester ouverts ; deux, placés au fond, puisent l'air au-dessous de la couveuse ; le troisième, prenant naissance à la partie supérieure de la chaudière, sert à donner l'humidité. Ce tuyau n'existe pas dans le petit modèle de 50 œufs.

Commencement. — On emplit la chaudière d'eau à cinquante degrés environ ou, ce qui est préférable, on y verse à peu près moitié eau froide et moitié eau *bouillante*, de manière à obtenir 40 degrés centigrades à l'intérieur.

Conduite. — On retire matin et soir, pour les couveuses de 50 œufs, de 6 à 8 litres d'eau.

Pour les couveuses de 100 œufs : 10 à 12 litres d'eau.

Pour les couveuses de 150 œufs : 12 à 15 litres d'eau.

Pour les couveuses de 250 œufs : de 18 à 20 litres d'eau, que l'on remplace par une égale quantité d'eau *bouillante*.

Pour mesurer la quantité d'eau on fait usage d'un simple seau gradué, semblable à celui dont se servent les laitiers.

La quantité d'eau à changer est modifiée en raison de la température extérieure, ainsi que par la chaleur développée par les poussins dans l'œuf, chaleur qui augmente à mesure que l'éclosion approche.

Position du thermomètre. — Le thermomètre doit être placé dans une position oblique, pour être facilement consulté, le bas, entre les œufs, à

0,15 centimètres du périmètre, et le haut adossé à la chaudière.

Température intérieure. — La température intérieure doit être maintenue à 40 degrés centigrade. Dans aucun cas, il ne faut dépasser 41 degrés ni descendre au-dessous de 37, surtout au début de l'incubation, car alors, les germes n'ont pas de chaleur propre. Matin et soir, au moment de renouveler l'eau, si la température de la journée est restée régulière à 40 degrés, le thermomètre doit être descendu de 38 à 39 degrés.

Réglementation. — Si après l'addition d'eau *bouillante*, le thermomètre tendait à dépasser 41 degrés, il faudrait alors ouvrir le châssis de dessus pendant quelques minutes; si au contraire le thermomètre tendait à baisser, on mettrait sur l'appareil une couverture de laine.

Pour maintenir une grande régularité, il est bon de conserver constamment cette couverture sur les châssis, mais sans couvrir la bouche d'air.

Disposition des œufs. — Mettre au fond de la couveuse un lit de sable de 2 à 3 centimètres d'épaisseur, recouvert d'un lit de paille brisée de 1 à 2 centimètres, de façon que le dessus de l'œuf se trouve à 1 centimètre au-dessous de la base du réservoir.

Avant de disposer les œufs dans la couveuse, les

tremper dans l'eau tiède et les essuyer. Cette préparation enlève les parties sales ou grasses de la coquille, et facilite l'introduction de la chaleur humide dans l'œuf. Les œufs seront placés côte à côte. Une fois le fond rempli, on peut en ajouter quelques-uns par-dessus, destinés à remplacer les œufs clairs qui seront retirés au mirage.

Soins à donner aux œufs. — Les œufs seront marqués chacun d'une raie de crayon, pour être retournés bien régulièrement matin et soir. Éviter de les remuer en les retournant. Pendant cette opération la couveuse restera ouverte chaque jour environ vingt minutes, matin et soir, au commencement de la couvée et dix à quinze minutes vers la fin. Le temps de l'ouverture de la couveuse doit être subordonné à la température extérieure. On doit la fermer quand les œufs sont presque froids. Vers la fin de la couvée, il faut laisser refroidir un peu moins. Avant la fermeture de la couveuse, un léger coup de plumeau sur les œufs est d'un bon effet. L'eau chaude ne doit être versée qu'après tous ces soins.

Mirage. — Le mirage des œufs, qui a pour but de retirer ceux qui sont clairs, c'est-à-dire non fécondés, s'effectue du troisième au quatrième jour, à l'aide de l'**Ovoscope.** Voici comment il convient de procéder : Prendre l'ovoscope de la main droite, le pouce appuyé sur les cannelures du coquetier, et le tenir verticalement devant une bougie, ou devant une lampe, le plus près

possible de la flamme. Placer, avec la main gauche,
l'œuf dans le coquetier, le gros bout en l'air, puis le
faire pivoter doucement, en pressant, avec le pouce
de la main droite, les canelures du coquetier. Si l'œuf
est fécondé, on devra voir très-distinctement le germe
affectant la forme d'une araignée rouge.

Humidité. — L'humidité est distribuée dans les
appareils de plus de 50 œufs, par le petit tuyau qui
prend naissance à la partie supérieure de la chaudière,
et débouche à l'intérieur de l'étuve. Au moment où
l'on verse l'eau bouillante, la vapeur qui s'échappe
par ce tuyau se répand dans la couveuse, et entretient
l'atmosphère humide pendant toute la journée.

En outre, placer dans la couveuse un verre d'eau
qui sera renouvelée matin et soir, et vers le 14e ou
15e jour d'incubation, verser tous les matins, dans
le sable, à différentes places, l'eau contenue dans le
verre. Dans les petits modèles, ce verre d'eau suffit
pour remplacer le tuyau de vapeur qui n'existe pas.

Eclosion. — C'est à l'époque de l'éclosion que
la couveuse exige le plus de soins. Il faut ce jour-là
tenir la température de la couveuse plus élevée, pour
avoir la facilité d'ouvrir plusieurs fois dans la journée,
afin de renouveler l'air, sans pour cela dépasser 40 degrés ni laisser baisser la température au-dessous de
ce point. A 38 degrés l'éclosion s'arrête.

Tout œuf *béché* doit être retourné de façon que le
bec du poussin soit en dessus, et qu'il puisse plus

directement respirer l'air; sans cette précaution, il pourrait se trouver étouffé ou noyé dans le liquide qui s'échappe de l'œuf.

Après l'éclosion, les poussins peuvent rester plusieurs heures dans la couveuse; aussitôt retirés, ils doivent être mis dans la *Sécheuse* pour les deux ou trois premiers jours.

La Sécheuse. — La sécheuse est une boîte avec réservoir à eau chaude, et robinet pour extraire l'eau. On la remplit d'eau bouillante matin et soir. Elle est recouverte d'un léger édredon de duvet.

Pendant les 24 ou 30 premières heures, les poulets ne devront pas avoir à manger. Ils seront levés plusieurs fois par jour pour prendre des forces et s'habituer à l'air.

Pendant les deux ou trois jours suivants, ils seront levés quatre ou cinq fois pour manger en très-petite quantité; et ce n'est qu'au bout de deux ou trois jours en été, et de quatre ou cinq en hiver, qu'ils devront être placés sous la mère. Il sera même bon, pour la première semaine, de ne les laisser sous la mère que pendant le jour, et de les coucher dans la Sécheuse.

La mère. — La mère est un appareil dont toutes les parties sont mobiles : la partie inférieure est un plateau sur lequel repose un encadrement dans lequel vient s'introduire une boîte renfermant un récipient contenant de l'eau chaude; la partie inférieure de cette boîte, qui forme plafond, a son encadrement garni d'un velours épais, afin que les poussins logés dans l'espace vide, ménagé entre le plateau inférieur et le récipient à eau chaude, puissent se frotter contre l'étoffe formant plafond et maintenir brillant leur léger duvet.

Une porte est ménagée sur un des côtés du logement des poussins; ceux-ci peuvent [illegible] se promener manger et boire; un grillage mobile [illegible], comme un véritable garde-fou, [illegible] et retient les poussins dans un espace limité.

La même chose [illegible] pour l'eau bouillante tous les matins; on aura soin de laisser une porte ouverte pour que les poussins puissent sortir s'ils ont trop chaud; le soir, [illegible] la chaleur naturelle qu'ils [illegible] logement et [illegible] la porte, l'île restant dans la chambre [illegible]. Quand les poussins [illegible] que la température extérieure est basse, il est bon de réchauffer l'appareil le soir.

Quand les jeunes élèves commencent à grandir, l'espace ménagé entre le plateau inférieur et le récipient à eau chaude, n'est plus assez [illegible]. On remédie à cet inconvénient en soulevant le récipient à eau chaude de son encadrement au moyen de cales, et, par suite, l'espace étant plus grand, les poussins sont plus à l'aise.

Nourriture. — Pour les premiers repas, émietter du pain rassis sur les poussins; ils apprennent à manger en se becquetant les uns les autres; pour les repas suivants, donner une petite pâtée d'un mélange de pain et d'œuf; ou du pain trempé dans du vin coupé ou du cidre, du riz cuit, du millet, et comme base de nourriture, de la farine d'orge délayée avec de l'eau ou du lait. Mettre à proximité du sable fin que les poussins ramassent pour faciliter leur digestion.

Il est bon de varier autant que possible, et de donner à manger peu et souvent.

Pour éviter l'ennui de préparer les diverses pâtées, M. Voitellier a composé une nourriture réunissant les divers éléments nécessaires à l'alimentation des poulets, et qu'il suffit de délayer dans un peu d'eau.

Nous ne saurions trop recommander l'usage de cette nourriture dont les effets ont été, jusqu'à ce jour, des plus satisfaisants.

TABLE DES MATIÈRES

Mantes. — Typographie et Lithographie Beaumont Frères.